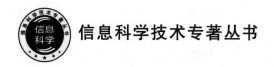
信息科学技术专著丛书

微流控芯片技术及其在单细胞分析中的应用

——单细胞力学 & 电学特性检测与微流控技术

王　棵　编著

U0290914

北京邮电大学出版社
www.buptpress.com

内 容 简 介

单细胞的力学与电学特性可作为细胞种类区分的指标，并具有免标记与低成本的优势。本书首先介绍了常规的单细胞力学与电学特性检测方法；微流控技术给单细胞检测提供了高通量的解决思路，本书用大量的篇幅介绍了以微流控压缩通道为检测核心单元的单细胞力学与电学特性检测方法；本书还对前沿其他的基于微流控技术的单细胞力学与电学特性检测方法进行了概述。

本书内容既涵盖常规检测技术，又包含基于微流控技术的检测技术，囊括微流控领域基础知识且紧跟科学前沿。本书可以为医学仪器研制、生物传感、细胞传感等领域相关科研人员及爱好者提供参考。

图书在版编目（CIP）数据

微流控芯片技术及其在单细胞分析中的应用：单细胞力学＆电学特性检测与微流控技术／王棵编著．
-- 北京：北京邮电大学出版社，2022.6

ISBN 978-7-5635-6635-8

Ⅰ．①微… Ⅱ．①王… Ⅲ．①生物-芯片-应用-细胞生物学-生物分析-研究 Ⅳ．①Q2-3

中国版本图书馆 CIP 数据核字(2022)第 068424 号

策划编辑：姚 顺 刘纳新　　　责任编辑：满志文　　　封面设计：七星博纳
出版发行：北京邮电大学出版社
社　　　址：北京市海淀区西土城路 10 号
邮政编码：100876
发 行 部：电话：010-62282185　传真：010-62283578
E-mail：publish@bupt.edu.cn
经　　　销：各地新华书店
印　　　刷：唐山玺诚印务有限公司
开　　　本：787 mm×1092 mm　1/16
印　　　张：7.5
字　　　数：191 千字
版　　　次：2022 年 6 月第 1 版
印　　　次：2022 年 6 月第 1 次印刷

ISBN 978-7-5635-6635-8　　　　　　　　　　　　　　　　　　定 价：38.00 元

前　言

单细胞的力学与电学特性可作为细胞种类区分的指标,具体包括了单细胞杨氏模量、细胞膜张力、细胞质黏度、细胞膜比电容、细胞质电导率等特性,相比诸多基于化学标记的指标(如荧光标记),单细胞的力学与电学特性具有免标记与低成本的显著优势,在疾病的诊断与治疗、细胞生物学分析等领域有着可观的应用前景。

目前,常规的单细胞力学与电学特性检测方法有了很大的发展,已成功揭示出了单细胞层面的诸多生命奥秘。在常规的单细胞力学与电学特性检测技术中,单细胞操纵用于将单细胞放置于指定的检测区域,从而实现后续的单细胞力学与电学特性检测功能。常规的单细胞力学特性检测方法主要有原子力显微镜、微吸管、光镊,常规的单细胞电学特性检测方法主要有膜片钳、电旋转、介电泳。这些常规的检测技术为人类对于生命的研究提供了单细胞级别的高精度检测工具。然而,在面对大量的单细胞样本时,这类方法的检测通量却无法满足高通量的需求。

微流控技术(Microfluidics)指在微米尺度下对流体进行操纵的技术,可以实现对细胞的培养、进样、分选、检测等多种功能,又被称为微全分析系统(Micro Total Analysis System)或芯片实验室(Lab on a Chip),具有微型化、集成化、高通量、可并行等优点。微流控技术给单细胞力学与电学特性检测提供了新的、高通量的解决思路。

其中以微流控压缩通道为核心单元的单细胞力学与电学特性检测方法,在检测通量与检测参数量化方面具有显著优势。因此,本书介绍了以压缩通道作为核心单元的单细胞力学与电学特性检测方法,这些方法以建立高通量、高精度的检测方法为目标,可以作为单细胞分析更为有效的技术手段。

本书介绍了基于连续式微吸管的一种肿瘤单细胞力学特性检测方法,该方法采用了适用于肿瘤细胞进入微吸管的力学模型,获得了数千个肿瘤细胞的细胞质黏度数据并对不同种类的肿瘤细胞实现了区分。以微流控"一字形"压缩通道(或作为压缩通道原型的微吸管)为检测核心单元的单细胞力学与电学特性检测方法能够实现检测通量的提升。基于此核心检测单元,本书还介绍一种细胞核力学特性检测方法,该方法采用了一种截面渐小的压缩通道用于高硬度、广尺寸的细胞核高通量检测,获得的数百个细胞核形变能力参数对于不同种类的细胞具有区分性。基于相同的核心检测单元,本书介绍了一种白细胞电学特性检测方法,其中讲述了如何优化适用于白细胞电学检测的压缩通道的结构参数与电学采集参数,获得的上千个白细胞的细胞膜比电容数据可以实现对不同种白细胞的区分。以微流控"一字形"压缩通道为检测核心单元,本书还介绍了单细胞力学与电学特性检测分析仪,讲述了其硬件系统、数据采集控制平台、数据处理平台与一项应用实例，获得了五种肿瘤细胞系的数千个细胞的杨氏模量、细胞膜比电容和细胞质电导数据，这些数据可以为后续单细胞生物物理特性研究提供数据参考。

微流控"十字形"压缩通道是一种新的检测核心单元，本书介绍了基于此单元的一种单细胞力学特性检测方法，该方法采用了与之相对应的细胞通过"十字形"压缩通道的等效力学模型，由这一模型可以由细胞在"十字形"压缩通道内的形变得到单细胞的细胞质黏度，检测通量相比"一字形"压缩通道提高了 10 倍，该方法获得了数千个单细胞的细胞质黏度数据。在"十字形"压缩通道作为检测核心单元，本书还介绍了一种单细胞电学特性检测方法，该方法采用细胞通过"十字形"压缩通道的等效电学模型，实现了单细胞的细胞膜比电容、细胞质电导率的高通量检测，相比"一字形"压缩通道，检测通量提高了 100 倍，该方法具有获得了数十万个单细胞膜比电容与细胞质电导率数据的能力，据此实现了对不同种类与状态细胞的精确区分。

本书的最后对当今前沿的、其他的基于微流控技术的单细胞力学与电学特性检测技术进行了介绍：在力学特性检测技术方面，包括了流体挤压、压缩通道挤压等技术；在电学特性检测技术方面，包括了多种形式的微阻抗分析仪等。还介绍了一些单细胞力学与电学的多参数检测技术，这些技术为单细胞分析提供了更多维度的研究视角。

本书内容主要涵盖了作者本人博士期间的主要研究成果，在此郑重感谢课题组的王军波、陈健、陈德勇三位指导老师在我博士期间对我的谆谆教诲与耐心培养，同时要感谢实验室里陪伴我度过五年时光并不断向我提供帮助的师兄、师姐、师弟、师妹。

感谢北京邮电大学对我的培养以及对我工作的大力支持！

感谢国家自然科学基金、中央高校科研基本业务费对本书的支持！

作　者

符号说明表

μ_c	细胞质黏度,单位为 Pa·s
R_c	细胞半径,单位为 μm
L_p	细胞在微吸管(或压缩通道)内的进入长度,单位为 μm
ΔP	作用于细胞的压强,单位为 Pa
T_c	细胞进入微吸管(或压缩通道)的时间,单位为 s
n_{cell}	细胞个数
T_p	细胞在压缩通道中的穿行时间,单位为 s
D_n	细胞核直径,单位为 μm
n_n	细胞核个数
C_{spec}	细胞膜比电容,单位面积的细胞膜电容值,单位为 μF/cm^2
L_{el}	细胞在压缩通道内的拉伸长度,单位为 μm
D_{cell}	细胞直径,单位为 μm
C_m	细胞膜电容,单位为 pF
R_{cy}	细胞质电阻,单位为 MΩ
R_{leak}	漏电阻(表征细胞对压缩通道的填充情况),单位为 MΩ
E_{ins}	细胞瞬时杨氏模量,单位为 kPa
σ_{cy}	细胞质电导率,单位为 S/m
f_c	细胞与通道壁之间的摩擦系数
R_c	细胞半径,单位为 μm

目　　录

图 目 录

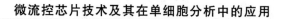

表 目 录

第 1 章

绪　论

1.1　背景与意义

1665 年,英国科学家 R. Hooke 发现了细胞,他在自制的显微镜下观察植物组织,发现这些组织是由一个个紧密排列的小格子组成,于是将组成组织的这些小的单位定名为"cell"(英文直译为格子)。从此,人类对于细胞的研究就从未停止。1838 年,德国植物学家 M. J. Schleiden 提出了"所有植物都是由细胞组成的,细胞是植物各种功能的基础"的学说。1839 年,受到 M. J. Schleiden 的启发,德国动物学家 T. A. H. Schwaann 提出所有的动物也是由细胞构成的。1855 年,德国病理学家 R. C. Virchow 提出所有的细胞必定来自别的活的细胞[1]。作为生命体的基本结构与功能单位,在生命体的生命活动过程中,不断伴随着细胞的增殖、迁移、侵袭与分化[2],而细胞的状态直接或间接地反映了生命体的状态。

然而,之前的细胞研究方法主要针对群体细胞,其结果是细胞群体的平均结果[3-5],这样的结果往往会掩盖单个细胞间存在的差异[3]。在很多情况下,在单细胞分辨率下得到的数据能更真实地反映细胞状态与细胞间差异。近年来,单细胞分辨率下的细胞生理学、病理学研究已成为热点[6,7],如 2017 年发表于《Nature Communications》的文章基于单细胞层面发现了有丝分裂成圆基因与其力学表型的联系,发现力学表型是研究细胞形态控制的有效方法[8];2018 年发表于《Nature》的文章报道了基于单细胞分析对呼吸道上皮细胞间异质性的研究[9];2019 年《Nature》报道了在单细胞分辨率下对小胶质神经细胞进行的研究,发现了人类与小鼠的小胶质神经细胞在神经变性行为中的都存在单细胞间差异[10]。

人类在真理的发现过程中少不了各种工具与方法的帮助,同样地,在对单细胞的研究中也少不了各种工具与方法。现有的单细胞分析方法主要可以分为单细胞生物化学和生物物理学特性检测,其中,相比单细胞生物化学检测方法,单细胞生物物理学特性检测具有低成本与免标记的优势,近年来成了研究的热点。单细胞生物物理特性检测包括了单细胞的力学特性和电学特性检测[11]。

单细胞的力学特性主要决定于细胞内的细胞骨架、细胞膜、细胞核等结构,其特征量包括单细胞杨氏模量、单细胞质黏度、单细胞核硬度等参数[12],如图 1.1 所示。单细胞力学特性与细胞功能状态之间存在着内在的必然联系,在一定程度上反映了细胞的功能状态。2012 年发表于《Nature》的文章发现细胞癌变过程中存在细胞骨架和细胞膜蛋白的变化,表现为细胞力学、电学特性的相应改变[13];2015 年发表于《*Journal of Biomechanics*》的文章报道了肝癌细胞的转移潜能与其杨氏模量具有一定联系,证明杨氏模量有望用于细胞转移潜能的评估[14];2018 年发表于《*Nature Methods*》的文章指出有丝分裂的细胞的力学特性会发生变化[15]。此外,细胞核的力学特性也能反映细胞的生理与病理状态,已有文献报道了单细胞核的力学特性与多种疾病的关系,如癌症[16]、心肌病、早衰等[16,17]。

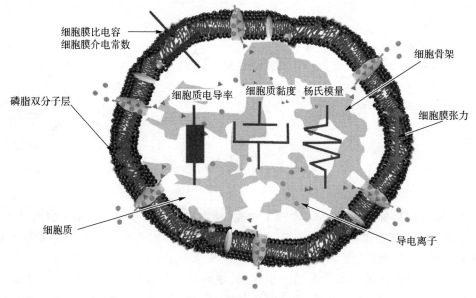

图 1.1　细胞的生物物理特性示意图

细胞的电学特性主要与细胞膜的双层磷脂结构的电容性和细胞质的导电性有关,其特征量包括了细胞膜比电容、细胞质电导率、细胞膜介电常数等[18],如图 1.1 所示。同样,单细胞电学特性与细胞功能状态也有着千丝万缕的联系,如:2013 年发表于《*Lab on a Chip*》的文章发现恶性疟原虫感染的红细胞与未感染的红细胞有显著的电学特性差异[19];2014 年发表于《*Biomicro fluidics*》的文章使用介电泳技术测量间质干细胞的电学特性,发现用一种共聚物可以控制间质干细胞形态,增加其细胞膜的电容[20];2017 年发表于《*Biophysical Journal*》的文章报道了五种细胞系的具有区分性的电学特性参数,结果说明细胞电学特性检测具有潜在应用价值[21]。

真核细胞的直径分布范围是 5～30 μm,对于一块体积小到 1 mm^3 的细胞组织,若以细胞直径 15 μm 计算,其内部包含的单细胞数目约为 50 万,面对拥有如此之小的体积、如此之大的样本量,如何实现单细胞力学和电学特性的准确和快速检测成了科学工作者们亟待解决的问题。

1.2　本书内容与章节安排

单细胞力学与电学特性检测需要高通量的、准确的检测工具,在这样的背景下,常规的单细胞力学与电学特性检测方法已有了很大的发展,已成功揭示出了单细胞层面的诸多生命奥秘,然而其检测通量难以满足高通量的需求。微流控技术为单细胞检测提供了更高通量的检测思路,其中以微流控压缩通道为核心单元的单细胞力学与电学特性检测方法,在检测通量与检测参数量化方面具有显著优势。其他的基于微流控的单细胞电学与力学特性检测技术也为单细胞的研究打开了新的视角。

具体章节安排如下:

第 1 章为绪论,阐述了本书的整体研究背景与意义。

第 2 章介绍了单细胞力学与电学特性常规检测技术,具体包括了常规的单细胞力学特性检测技术与常规的单细胞电学特性检测技术,其中,单细胞操纵可以分为直接接触式操纵与非接触式操纵,常规的单细胞力学特性检测技术包括了原子力显微镜、微吸管与光镊,常规的单细胞电学特性检测技术包括了膜片钳、电旋转与介电泳。

第 3 章介绍了微流控技术,具体包括微流控技术概述、微流控芯片常用材料、微流控芯片中的硅、硅酸盐类基片的制备工艺、微流控芯片中的高分子聚合物的制备工艺。

第 4 章介绍了连续式微吸管用于肿瘤单细胞力学特性检测,论证了适用于肿瘤细胞进入微吸管的力学模型,获得了数千个细胞的细胞质黏度数据,实现了不同种类细胞和不同状态细胞的区分。

第 5 章介绍了"一字形"压缩微流控通道用于细胞核力学特性检测,采用了截面渐小的压缩通道从而实现了对高硬度、尺寸分布广的细胞核的高通量检测,获得了数百个细胞核的形变量参数,实现了不同种类的细胞核的区分。

第 6 章介绍了"一字形"压缩微流控通道用于白细胞电学特性量检测,介绍了适用于白细胞电学检测的压缩通道的结构参数与电学采集参数,获得了上千个白细胞的细胞膜比电容数据,区分了不同种类的白细胞。

第 7 章介绍了单细胞力学与电学特性检测分析仪,实现了对单细胞力学与电学特性参数采集与数据处理自动化。获得了 5 种肿瘤细胞系的数千个细胞的杨氏模量、细胞膜比电容和细胞质电导率数据,为后续单细胞生物物理特性研究提供数据参考。

第 8 章介绍了"十字形"压缩微流控通道用于单细胞力学特性检测,提出了细胞通过"十字形"压缩通道的等效力学模型,实现了单细胞细胞质黏度的高通量检测,获得了数千个单细胞质黏度数据,为后续单细胞生物物理特性研究提供数据参考。

第 9 章介绍了"十字形"压缩通道用于单细胞电学特性高通量检测,提出了细胞通过"十字形"压缩通道的等效电学模型,实现了单细胞膜比电容、细胞质电导率的高通量检测,获得了数十万个单细胞膜比电容与细胞质电导率数据,实现了不同种类与状态的细胞的区分。

第 10 章介绍了其他基于微流控技术的单细胞力学与电学特性检测方法。

第 11 章为总结与展望,对本书进行了总结,对本领域的发展做出展望与讨论。

第 2 章

单细胞力学与电学特性常规检测技术

2.1　单细胞操纵

在常规的单细胞力学、电学检测方法中,首先需要对细胞进行操纵,从而使细胞到达指定的检测位置。常见的单细胞操纵方法分为直接接触式操纵与非直接接触式操纵。

2.1.1　直接接触式操纵

直接接触式操纵主要使用微型操纵系统控制微吸管,实际操作中通过施加负压将细胞吸在微吸管尖端,使用微型操作平台移动微吸管尖端到指定区域,再卸除负压,释放单细胞,以此完成单细胞的操纵功能。该方法采用微吸管尖端直接接触细胞,利用微操作台来控制微吸管的位置,原理简单,是目前在生物领域运用较为广泛的单细胞操纵工具,可以实现对单个细胞位置的精确控制。但是,该方法的缺点在于需要精密的微操纵系统及熟练的操作技巧。

2.1.2　非直接触式操纵

非直接接触式操纵中操纵工具不直接接触细胞,一般基于光镊和介电泳等原理实现细胞操纵的目的。

光镊技术是美国科学家 Arthur Ashkin 于 1986 年发明的。光镊这个名字其实是一个非常形象的比喻,与人们日常生活中用镊子来夹持物体类似,光镊是采用光来"夹持"物体,虽然这个光做成的"镊子"不像日常中镊子那样可触、可感。光镊对物体的操纵是基于光辐射压力与单光束梯度力。光照射物体时,由于光是具有波粒二象性的,同时具有动能与动量,在物体表面形成反射和吸收,由于动量守恒与能量守恒定律,光会对粒子产生作用力,称为光辐射压力,当光强度在空间分布不均匀时,会对微粒产生作用力。一个透明介质微粒处于一个高斯分布的非均匀会聚光场中,微粒的折射率大于周围介质的折射率,当会聚激光束照射到微粒上时,激光会发生折射和反射,也会有一部分被吸收,被微粒反射和吸收的光会产生光辐射压力,或者称为散射力,其方向与光传播方向一致,它使微粒沿着光束传播方向运动。与此同时,光束经过微粒会发生多次折射,有些会聚光折射后传播方向更趋向于光轴(即光束传播方向),从而增大了轴向动量,因而给微粒一个与光传播方向相反的作用力,表现为拉力,这就是轴向梯度力的本质。由于此拉力的作用,粒子在轴向可以稳定在激光焦点附近。由于光场的非均匀性,微粒在横向的偏离,也会引起指向激光焦点的回复力,即横向梯度力。在梯度力和散射力的共同作用下,微粒会被稳定地束缚在激光焦点附近,这就是单光束梯度力,又称为光镊。光镊在单细胞检测时具有一定的优越性,比如光镊对单细胞的操控是非接触式的,不会给细胞造成机械损伤,除此以外,光镊可以捕获微粒的尺度在几十纳米到几十微米,除了可以对细胞进行操控以外,还可以对细胞器以及生物大分子进行操纵。但光镊的设备大、价格高昂,限制了此类方法的广泛应用[22]。

介电泳(Dielectrophoresis,DEP)是介电常数较低的物体在非均匀电场中受力的现象。介电力大小与物体是否带电无关,而与物体的大小、电学性质、周围介质的电学性质以及外加电场的场强、场强变化率、频率有关。在单细胞分析中,通过控制电场的分布、频率、强度等参数,可以实现细胞位置的操控。介电泳往往对几个甚至一群细胞进行操控,很难实现真正意义上的单个细胞操操纵[23]。

2.2　常规单细胞力学特性检测技术

单细胞力学特性包括形变量、杨氏模量、细胞质黏度、细胞膜表皮张力等,由细胞的骨架、细胞膜、细胞核等结构所决定,反映了细胞的功能状态。常规的单细胞力学特性检测技术主要有原子力显微镜、微吸管与光镊[24]技术。

2.2.1　原子力显微镜技术

当谈到原子显微镜(Atomic Force Microscope,AFM)时,不得不先提到隧道扫描显微镜(Scanning Tunneling Microscope,STM)。第一台 STM 由 Gerd Binnig 和 Heinrich Rohrer 两位科学家于 1982 年研制成功,这是人类首次能够实时地(real time)观察单个原子在物质表面的排列状态和与表面电子行为有关的物理性质、化学性质,它对于表面科学、材料科学和生命科学等领域具有重大的意义,为此,这两位科学家和电子显微镜的发明者 E. Ruska 教授于 1986 年一同被授予诺贝尔物理学奖[25]。

STM 的原理在今天看来是很容易被理解的,在导电性试样和尖锐的金属探针之间加上电压,当探针和试样表面之间的距离接近至 1 nm 时,在探针和试样表面之间有隧道电流流过。这一隧道电流的强度与探针至试样表面的距离呈指数函数关系。若在测量隧道电流的同时使探针在试样表面扫描,则可测得有关试样表面凹凸程度的信息[26,27]。

由于 STM 只能观察导电样品的表面形貌,无法对非导电样本进行表征,科学家们又开始寻求新的检测方法。一种利用原子间作用力的表征技术——原子力显微镜(Atomic Force Microscope,AFM)于 1986 年诞生。原子力显微镜用于单细胞力学特性检测如图 2.1 所示,在悬臂的尖端有微小的探针,悬臂以恒定的扫描速度移动,使其尖端的探针给细胞表面施加逐渐增加的力;激光二极管发射的激光束经过悬臂与反射镜的反射后被光敏二极管收集,激光束的位移能够反映悬臂的形变情况。将激光束的位移与一个力-位移曲线结合,最终可以测量出单细胞的力学特性,如细胞的杨氏模量、弹性模量等参数[28-31]。

在 AFM 的成像模式中有接触式成像模式、非接触式成像模式和敲击式成像模式。

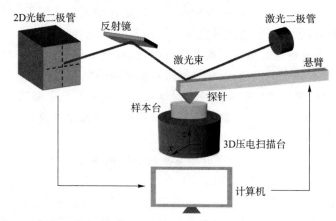

图 2.1　原子力显微镜用于单细胞力学特性检测的原理图

1. 接触式成像模式

在接触式成像模式中,AFM 的探针与样品表面利用原子斥力进行"接触",探针与试片距离数十纳米(nm)。在探针逐渐靠近样品表面的过程中,探针表面原子与样品表面原子首先相互吸引,之后原子内的电子云开始产生相互作用的静电排斥力。这种静电排斥力随探针与样品表面原子的靠近而升高,随着探针与样品的不断接近,这一静电力能够逐渐抵消原子间的吸引力。当原子间距离小于 1 nm,即约为化学键长时,范德华力为零。当探针与样品原子间距继续减小时,合力为正值,范德华力表现为排斥力,此时原子相互接触。当探针弹性系数很小时,原子间的作用力会体现在悬臂的弯曲上,通过检测这种弯曲就可以进行样品形貌观察。若样品表面柔嫩而不能承受这样的力,则不宜选用接触式成像对样品表面进行表征。

2. 非接触式成像模式

非接触式成像模式中,AFM 不破坏样品表面形貌,适用于较软的样品。在非接触式 AFM 中,探针以特定的频率在样品表面附近做振动,利用测量到的原子吸引力的变化来表征样品表面形貌。在这一成像模式中,探针和样品表面距离在几纳米到数十纳米之间,这一距离范围在范德华力曲线上位于非接触区域,此时探针和样品表面之间的作用力很小,通常在 10^{-12} N 左右。在非接触成像模式中,探针以接近于其自身共振频率的频率(一般为 100～400 kHz)震动,震动幅度为几纳米到数十纳米。当探针接近样品表面时,探针共振频率或振幅将发生变化,检测器检测到这种变化后,把信号传递给反馈系统,然后反馈控制回路通过移动扫描器来保持探针共振频率或振幅的恒定,进而使探针与样品表面的距离保持恒定,计算机通过记录扫描器的移动获得样品表面的形貌图。

3. 敲击式成像模式

敲击式成像模式的 AFM 与非接触式成像的 AFM 在原理上比较类似,但它的探针与样品的距离相比于非接触式成像更近。和非接触式成像模式一样,在敲击式成像模式中,恒定的驱动力使探针悬臂以一定的频率振动,振动频率一般为几百千赫兹,振动的振幅通过检测系统检测。当探针尖端接触到不同形貌的样品时,悬臂振幅会发生变化,而反馈回路用以维持悬臂振幅的恒定。具体来说,当针尖扫描到样品突出区域时,悬臂共振受到的阻碍变大,振幅随之减小;相反,当针尖通过样品凹陷区域时,悬臂振动受到的阻力减小,振幅随之增加。悬臂振幅的变化经检测器检测并输入控制器后,反馈回路调节针尖和样品的距离,使悬臂振幅保持恒定。反馈调节一般是靠改变 Z 方向上压电陶瓷管电压完成的。当针尖扫描样品时,通过记录压电陶瓷管的移动就可以得到样品表面的形貌特征。

4. 升降式成像模式

与前面所述的成像模式类似,升降式成像模式同样通过检测共振频率和振幅的变化来获得样品表面的信息,所不同的是,升降式成像模式能够获得样品表面的形貌特征以外的更多信息,比如表面磁力分布、表面静电力分布等。在这一成像模式中,首先采用适当的成像模式获得样品表面的形貌特征信息,然后把探针抬升至距离样品一定高度的位置,高度一般为 $10\sim$ $100\ nm$,具体的距离需要根据检测目的进行调整,之后根据获得的样品表面形貌特征,使探针按照与样品表面形貌特征一致的路径进行扫描样品,从而得到除去高度影响的静电力或磁力分布。这种方式的成像模式可以得到与样品表面形貌特征无关的磁力、表面静电力等分布信息。

原子力显微镜已广泛应用于肿瘤诊断和治疗领域、血液疾病研究以及干细胞分化领域的研究。如已报道正常的肝脏细胞与癌变的肝癌细胞具有不同的弹性,但具有相似的黏度[32];相比于正常的乳腺上皮细胞,恶性的乳腺上皮肿瘤细胞杨氏模量更高[33];疟疾是一种由疟原虫在宿主红细胞内无性繁殖引起的疾病,有文献报道使用原子力显微镜得到了感染疟疾红细胞的骨架结构[34];另外,通过原子力显微镜检测细胞和细胞外基质的力学性质,可以实现对干细胞不同分化过程的区分[35]。但是,原子力显微镜的操作较为复杂,检测通量不高[36],比如已报道的检测患者胸水中细胞数目不到 10 个[37]。但从另一方面来看,由于其检测的探针相对细胞尺寸而言更小,原子力显微镜可以实现对单个细胞的局部的力学特性检测,从而可以实现对于单个细胞的高分辨率表征。

2.2.2　微吸管技术

微吸管技术用于单细胞力学特性检测的原理图如图 2.2 所示,利用负压吸引细胞进入毛细管当中,毛细管的口径为细胞直径的一半甚至更小,细胞在进入毛细管的过程中受到毛细管的挤压而发生部分伸入,通过显微成像技术将细胞前端进入毛细管的运动情况记录下来,经过图像分析,再结合微吸管口径、压强参数可以获得单细胞的力学特性参数[38,39]。由于不同种类的细胞在进入微吸管的过程中具有不同的运动特点,表现出了固体特性(如软骨细胞)或液体特性(如红细胞与白细胞),通过微吸管法得到的细胞力学特性参数有杨氏模量与细胞质黏度等[38]。

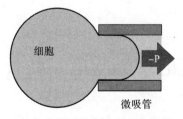

图 2.2　微吸管技术用于单细胞力学特性检测的原理图

微吸管已广泛应用于肿瘤诊断和治疗领域、血液疾病研究以及干细胞分化领域的研究。如已报道使用微吸管法检测到转染癌基因的成纤维细胞相比正常成纤维细胞的形变量显著下降[40];使用微吸管法对肝癌细胞与正常肝细胞的杨氏模量进行测量,发现肝癌细胞的瞬时与终态杨氏模量数值更高[32];通过对败血症的中性粒细胞(白细胞的一种)进行测量,发现败血症患者的中性粒细胞的形变量比正常的中性粒细胞更小[41];间充质干细胞可以分化形成成骨细胞,文献报道了使用微吸管法测量了间充质干细胞向成骨细胞分化过程中的杨氏模量值,相比未分化细胞杨氏模量高出一倍[42]。微吸管法的测量通量低,如文献报道使用微吸管法测量白细胞的细胞质黏度,仅得到数个细胞的结果[43]。但是,由于细胞在微吸管当中呈现一个三维的中心对称形态,在力学建模的过程中可以用中心对称模型表示,力学分析相对更简单,计算成本低,这是微吸管仍然广泛用于单细胞力学特性检测的原因之一。

2.2.3　光镊技术

光镊除了可用于细胞操纵以外,还可以使细胞发生形变,从而用于测量单细胞的力学特性。光镊技术用于单细胞力学特性检测的原理图如图2.3所示,两个硅珠与细胞膜表面两侧形成非特异性地结合,一侧的硅珠固定于玻璃片表面,从而将细胞固定,另一侧的硅珠在激光束的作用下发生移动从而使细胞被拉伸,通过激光功率-拉力校准曲线可以得到特定激光功率下施加在细胞上的拉力大小,从而可以通过调节激光的强度来控制拉伸细胞力的大小。该方法通过逐渐增加拉力得到细胞在不同拉力下的拉伸情况,结合理论或仿真模型可以得到细胞的力学特性参数[44]。

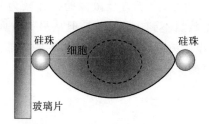

图 2.3　光镊技术用于单细胞力学特性检测的原理图

光镊技术已广泛应用于肿瘤诊断和治疗领域、血液疾病研究以及干细胞分化领域的研究。如利用光镊技术测量了乳腺癌细胞的细胞膜黏弹性参数,发现细胞膜的黏弹性参数对温度呈现很强的依赖性[45];利用光镊技术测量红细胞的弹性特性,从而了解镰刀贫血症患者的红细胞对于治疗药物的响应[46];使用光镊技术对间充质干细胞与完成分化的成纤维细胞的细胞膜力学特性进行测量,发现间充质干细胞分化过程中细胞膜力学特性发生了改变[47]。该方法需要对单细胞进行精确的操纵,其问题在于操作复杂、测量通量低,每种样本仅有几个细胞的数据被报道[48]。

2.3　常规的单细胞电学特性检测技术

细胞的电学特性包括细胞膜比电容、细胞膜介电常数、细胞质电导率等特性参数。常规的单细胞电学特性检测技术主要有膜片钳、电旋转与介电泳[36]。

2.3.1　膜片钳技术

1976 年,德国马普生物物理研究所的 Neher 和 Sakmann,在青蛙肌细胞上用双电极钳制膜电位时,首次记录到了 ACh 激活的单通道离子电流,以此创建了膜片钳技术(Patch Clamp Recording Technique)。其原理是离子作跨膜移动时会形成了跨膜离子电流。细胞膜的通透性决定了离子通过细胞膜的难易程度,用细胞膜电阻(R)的倒数——细胞膜电导(G)来表示。细胞膜对某种离子通透性的增大,实际上意味着细胞膜电阻的减小,即细胞膜对该离子的电导加大。根据欧姆定律 $U=IR$,即 $I=U/R=UG$,只要固定膜两侧电位差(U),测出的跨膜电流(I)的变化,就可作为细胞膜电导变化的度量,从而了解膜通透性的改变情况。1980 年 Sigworth 等人在记录电极内施加了 5～50 cm 水的负压吸引,得到了 10～100 GΩ 的高阻封接(Giga-seal),使电极在记录离子通道的电流的噪声显著降低,实现了单根电极既钳制膜片电位又记录单通道电流。1981 年 Hamill 和 Neher 等人对该技术进行了改进,引进了膜片游离技术和全细胞记录技术,从而使该技术更趋完善,使得当时的膜片钳技术具有了 1 pA 的电流灵敏度、1 μm 的空间分辨率和 10 μs 的时间分辨率。1983 年 10 月,《*Single-Channel Recording*》一书问世,是膜片钳技术发展史上的里程碑事件。Sakmann 和 Neher 也因其杰出的工作和突出贡献,荣获 1991 年诺贝尔医学和生理学奖[49,50]。

膜片钳技术用于单细胞电学特性检测的原理图如图 2.4 所示,使用毛细管与细胞形成紧密的高阻抗封接(达到 1 GΩ),将微吸管口部的细胞膜片与周围的细胞膜在电学上隔离开来,由此可以测量微吸管口部的细胞膜片的电学特性。通过毛细管电极在细胞膜两侧施加电压信号,就可以测量得到细胞膜片的电流信号,进而转换为细胞膜等效电容[51-57]。其中,高阻抗封接是非常关键的一步,它指的是微吸管内的微电极与细胞外液之间在电学上隔离形式 1 GΩ 以上的大电阻,电阻值越高说明封接程度越好,说明处于微吸管口部的细胞膜与周围的细胞膜电学上的隔离程度越好。

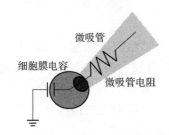

图 2.4　膜片钳技术用于单细胞电学特性检测的原理图

膜片钳技术已广泛应用于肿瘤诊断和治疗领域、血液疾病研究以及干细胞分化领域的研究。如使用膜片钳对宫颈癌 Hela 细胞系中铁传递蛋白表达后的细胞进行检测,发现铁传递蛋白表达后的细胞膜电容下降[58];又如使用膜片钳对血液中的中性粒细胞进行细胞膜电容检测,发现不同浓度的钙离子会引起细胞膜电容的不同程度的变化[59];使用膜片钳对胚胎干细胞分化进行研究,发现分化为心肌细胞的过程中钙离子与钾离子通道的功能特异性[60]。膜片钳实现了单细胞固有电学特性的检测,可以作为一种有力的细胞种类区分与细胞状态评估的方法。但实验中需要形成高阻封接方能实现电学检测,检测结果的准确度受到高阻封接效果的影响;高阻封接过程耗时,造成该方法的实际的检测通量低[36,61-64],如已报道的中性粒细胞的膜电容的检测数目仅有 10 个左右[65]。

2.3.2　电旋转技术

电旋转技术用于单细胞电学特性检测的原理图如图 2.5 所示,单细胞被置于旋转的电场当中,随着电场频率的变化细胞的旋转速度发生变化,由此可以得到细胞旋转速度随电场频率变化的曲线,进而可以将这一曲线转化为单细胞膜介电常数、细胞质电导率等单细胞固有电学特性参数[64,66-70]。

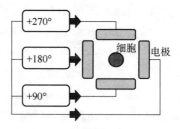

图 2.5　电旋转技术用于单细胞电学特性检测的原理图

电旋转技术已广泛应用于肿瘤诊断和治疗领域、血液疾病研究以及干细胞分化领域的研究。如使用电旋转对骨髓瘤患者的外周血中的血细胞进行电学特性检测,发现不同种血细胞的电学特性存在差异[71];使用电旋转对胰腺癌细胞进行电学特性检测,发现该肿瘤细胞系内不同细胞的电学特性存在差异[72];又如电旋转已应用于骨髓干细胞与成熟骨细胞的区分[73]。该方法实现了单细胞电学特性参数的检测,可以作为一种细胞种类的区分与细胞状态的评估方法,但是由于细胞操纵是非常耗时的工作,电旋转的检测通量受限[74],如已报道的肿瘤细胞检测数目在几十到几百个[24]。另外,这种方法在表征细胞膜时虽然能够得到细胞膜的介电常数,但由于无法得到细胞膜厚度,无法将得到的细胞膜介电常数换算为细胞膜电容(或细胞膜比电容)参数。

2.3.3　介电泳技术

介电泳技术用于单细胞电学特性检测的原理图如图 2.6 所示,在该方法中,细胞被放置于不均匀的电场中而发生极化,在电场力的作用下,大量细胞会向电极发生定向移动,通过改变测量频率,吸附于电极上的细胞数目将发生变化,以此可以绘制出细胞数-频率曲线(Clausius-Mossotti Factor Spectra),通过对这一曲线进行拟合,可以得到细胞膜电容、细胞质电导率参数[69,75]。

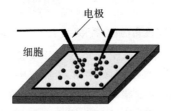

图 2.6　介电泳技术用于单细胞电学特性检测的原理图

介电泳技术已广泛应用于肿瘤诊断和治疗领域、血液疾病研究以及干细胞分化领域的研究。如使用介电泳对口腔鳞状癌细胞进行细胞电学特性测量,发现具有不同肿瘤形成能力的细胞具有差异性的电学特性[76];又如使用介电泳对白血病细胞的电学特性进行测量,发现敏感细胞与耐药细胞的细胞质内离子浓度存在差异[77];使用介电泳对人体胚胎干细胞进行细胞电学特性检测,发现未分化的细胞与分化细胞的电学特性存在差异[78]。这种方法虽然能同时得到细胞的多个电学特性参数(如细胞膜电容,细胞质电导率等),但是其结果是多个细胞电学特性的平均值,无法真正得到单细胞的电学特性参数。

2.4　本章小结

本章介绍了单细胞力学与电学特性常规检测技术，其中，单细胞操纵包括了直接式操纵与非接触式操纵；常规单细胞力学特性检测技术中主要包括了原子力显微镜、微吸管与光镊；常规单细胞电学特性检测技术中主要包括了膜片钳、电旋转与介电泳。这些检测技术是单细胞检测的强有力的工具。

第 3 章

微流控技术

3.1 微流控技术概述

微流控技术(Microfluidics),指在微米尺度下对流体进行操纵的技术,可以实现对细胞的培养、进样、分选、检测等多种功能,又被称为微全分析系统(Micro Total Analysis System)与芯片实验室(Lab on a Chip),具有微型化、集成化、高通量、可并行等优点[79-82]。

1975 年,一种微型化的气相色谱装置诞生,这标志着微流控技术的诞生。然而当时并没有引起大家的注意,在此后很长的时间内都没有相关报道。在 1990 年左右,集成电路与计算机技术发展迅猛,与此同时,分子生物学对于样本分离具有了更高的需求,于是许多微型的分析仪开始崭露头角。1990 年,一种基于硅工艺的微型开放式液相色谱仪被 Manz 发明,该仪器是具备了样品预处理、分离和检测于一体的芯片分析仪器,与此同时,Manz 首次提出了微流控芯片这一概念[83]。1994 年,首届微流控领域顶级会议 μ-TAS(The International Conference or Miniaturized Systems for Chemistry and Life Science.)在荷兰召开,从此,越来越多的科研工作者投入到微流控技术的研究当中。1995 年,首个从事微流控技术的公司 Caliper 公司成立。2001 年,以微流控为主题的期刊《Lab on a Chip》杂志创刊,引领着整个世界范围内对于微流控芯片的研究。2002 年,Quake 等人以"微流控芯片大规模集成"为题在《Science》上发表文章,引起了学术与工业界的广泛关注[84]。2006 年,《Nature》杂志发表了一期题为"芯片实验室"的专辑,从不同角度阐述了芯片实验室的研究历史、现状和应用前景,并在社评中指出:芯片实验室可能成为"这一世纪的技术"。至此,微流控芯片的意义与前景,已在更大范围内被学术界和产业界所认同[79,85]。

在微尺度下,惯性力相比于黏滞力而言很小,雷诺系数(Re)的定义是惯性力与黏滞力的比值,所以在微尺度下,雷诺系数很小。这意味着,在微流控的芯片内,当多个流体汇合时,它们会并排前进(层流)而不易发生对流或者湍流。通常认为 Re 小于 1,表现为十分平稳流动的流体(层流);当雷诺数大于 2000 时,流体中出现漩涡,表现为湍流。在微流控芯片中的微尺度的通道中,以水为工作介质时,Re 通常处于 $10^{-6} \sim 10^{-3}$ 这一范围,也就是说,在微流控芯片下流体处于层流的状态。这使得流体的状态很容易被预测与分析。与此同时,对于微小的物体,重力不再是影响其运动的主要因素,由于微流控的微通道具有较大的比表面积,表面张力、毛细作用力成了决定流体流动的主要因素。

3.2　微流控芯片常用材料

在微流控技术中,材料的选择对于芯片功能的实现有着至关重要的作用。以用于单细胞力学与电学特性检测的微流控芯片为例,构成材料通常需要具有以下特性:为便于用显微镜观察,微流控芯片的材料往往是透光的;芯片材料与芯片内承载的细胞需要具有良好的生物相容性,在检测过程中不发生化学反应;为了在微流控芯片内做成各种功能结构,其构成材料需要具有容易成形的特点;在单细胞电学特性检测中,我们希望除了检测电极以外的所有部件都是绝缘的,这样才能实现电学检测功能;在单细胞力学特性检测中,我们希望检测部件在不损伤细胞的前提下足够硬,这样检测部件可以视为刚体,力学模型可以被简化,力学分析会变得较为容易与可行。

微流控芯片制备技术是在 MEMS(Micro-electromechanical System,微电子机械系统)技术的基础上发展起来的。作为 MEMS 芯片制备的主要材料——硅,在微流控的制备中仍然占有一席之地。另外,与硅工艺兼容的其他材料,如石英、玻璃等,也是微流控芯片中经常用到的材料。除此以外,微流控芯片还采用了大量的弹性有机聚合物材料,如聚甲基丙烯酸甲酯(Polymethylmethacrylate,PMMA)、聚二甲基硅氧烷(Polydimethylsiloxane,PDMS)、聚碳酸酯(Polycarbonate,PC)以及水凝胶等。这些弹性材料具有更好的可塑性,且往往具有更为出色的生物相容性(比如透气)。

表 3.1 所示为常见的微流控芯片材料的特性,其中:

硅具有良好的化学惰性与热稳定性,利用成熟的光刻、深刻蚀等工艺可以实现陡直的、具有更高深宽比的微结构。半导体与 MEMS 的主要材料为单晶硅,在微流控芯片中,硅材料具有与 MEMS 系统兼容性好的优势,基于硅材料制备的微流控器件,可以更方便地与微电极阵列等多种 MEMS 功能部件进行组合而实现更为复杂的功能。但是,这种材料的不足之处是易碎、价格偏高、不透光、电绝缘性较差,表面化学行为也较为复杂。

石英和玻璃具有很好的电渗特性和光学特性,采用与硅片类似的光刻和深刻蚀工艺可以在玻璃或石英上制备出各种微结构,它们的表面吸附和表面反应能力都有利于对表面进行改性。因此,石英和玻璃材料已被广泛应用于制作微流控芯片中。石英尤其适合于荧光检测中,以及适用于其他对于光强度有更高定量要求的检测场景。缺点是石英的价格高,限制了该材料的应用。

高分子聚合物具有成本低、容易塑形的优势,目前已经广泛应用于微流控芯片的制作。用于微流控芯片制作的高分子聚合物主要有三类:热塑性聚合物、固化型聚合物和溶剂挥发型聚合物。热塑性聚合物主要包括 PMMA、PC 和聚乙烯等。固化型聚合物主要有 PDMS、环氧树脂和聚氨酯等,这些材料需要将前体与固化剂混合,经过一段时间的反应后,前体在固化剂的作用下形成长链大分子,最终连接成有一定弹性的固体。溶剂挥发型聚合物主要有丙烯酸、橡胶和氟塑料等,制作时将它们溶于相应的溶剂,再通过缓慢挥发溶剂而得到芯片。

PDMS(聚二甲基硅氧烷),又称硅橡胶,是众多聚合物中用得较为广泛的一种。该材料透光性好,能透过 250 nm 以上的紫外与可见光;具有较好的化学惰性;对于生物组织细胞而言无毒;价格便宜;使用软刻蚀技术能够很方便地复制出微结构;芯片微通道表面可进行多种改性修饰;容易键合,它不仅能与自身进行可逆的键合,还可以与玻璃、硅、二氧化硅和氧化型多聚物进行可逆键合。

表 3.1 常见的微流控芯片材料的特性

特性	硅	玻璃	石英	PMMA	PC	PDMS
透光度	不透	287～2 600 nm，89%～92%	400～800 nm，>78%	287～2 600 nm，>92%	287～2 600 nm，86%～90%	400～800 nm，70%
介电常数(kV/mm)	11.7	3.7～16.5	—	～2.9	2.9～3.4	3.0～3.5
成形难易程度	难	较难	难	易	易	易
键合性能	较难	较难	难	易	易	易

3.3 微流控芯片中的硅与硅酸盐类基片的制备工艺

微流控芯片的制备工艺是在 MEMS 的微细加工工艺的基础上发展起来的，微细加工工艺能够制备微米级的精细结构，主要工艺包括光刻(Lithography)和深刻蚀(Etching)等。

微流控芯片中用到的硅酸盐类基片主要包括玻璃与石英基片，在加工硅以及硅酸盐类材料时，首先将目标图形制作在掩膜版上，再使用光刻工艺将掩膜版上的目标图形转移到基片上的光刻胶上，之后利用深刻蚀工艺将图形在基片上"刻"出来。如果有多层结构，则需要进行多次的光刻与刻蚀过程。

3.3.1 光刻

光刻是利用紫外光和对光学敏感的光刻胶在微流控芯片的基片上形成图形化结构的过程，微流控芯片的基片可以是硅、玻璃等材料。光刻的一般工艺步骤包括：基片清洗、旋转涂胶、前烘、(对准)曝光、后烘、显影、坚膜等。

光刻胶分为正光刻胶和负光刻胶，正光刻胶是把与掩膜版上相同的图形复制到基片上；而负光刻胶是把与掩膜版上相反的图形转移到基片上。在紫外曝光后，正光刻胶会发生光化学反应，光刻胶层中被曝光的区域在显影液中被软化并溶解，从而使曝光后的区域的光刻胶被去除。在曝光后，负光刻胶会交联而变得不可溶解，进而发生硬化，无法被溶剂清洗掉。负性光刻胶的涂覆厚度在 1～100 μm 的范围(以 SU-8 系列光刻胶为例)，由于范围广，在微流控芯片中广泛应用于制备各种不同高度的结构。其中图 3.1(a)为正胶制备流程图，曝光区域的正胶可以在后续显影过程中被去除，再经过刻蚀与去胶，可以得到用于制作 PDMS 弹性体的微流控芯片模具；图 3.1(b)为负胶制备流程图，曝光区域的负胶因发生交联而无法被后续显影去除，从而可以直接作为阳模模具。

1. 基片清洗

基片清洗的目的是为了去除掉基片表面的颗粒、有机物、金属和自然氧化层、水蒸气层，使基片表面与光刻胶形成良好的黏附，便于光刻胶在基片表面形成均匀的涂覆。经过脱脂、酸洗、去离子水清洗、烘干等过程使硅、石英或玻璃等基片的被加工表面得以净化。基片表面的疏水性对于光刻胶的黏附影响巨大，因此，除了控制好制备环境的湿度以外(通常在 50% 以下)，通常的做法是在对基片烘干后尽快进行旋转涂胶等后续步骤，或在每次旋转涂胶之前都对基片进行烘干处理。在此过程中，基片烘干的温度通常是 200～250 ℃，这一过程通常在烘箱中完成。

2. 旋转涂胶

涂胶是在经过处理的基片表面均匀涂上一层黏性好、厚度适当的光刻胶。最常用的涂胶方法是旋转涂敷法,基片被固定在甩胶机的转台上,研究人员将一定量的光刻胶滴在基片上,通过控制甩胶机转台的旋转速度来控制旋涂的光刻胶的厚度。这种方法所得到的胶膜均匀性较好。不同光刻胶对旋转涂胶的参数有具体的要求,一般来说首先使用慢速(如 500 rpm)使光刻胶在基片上均匀覆盖,之后加快到更高转速使光刻胶在基片上形成一层特定厚度的薄膜,这一转速与光刻胶厚度直接相关。此外,常见的涂胶方法还有刷涂法、浸渍法、喷涂法等。

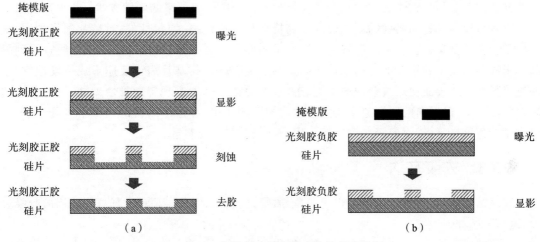

图 3.1 正、负光刻胶制备微流控模具流程图

(a)正胶制备;(b)负胶制备

3. 前烘

光刻胶涂覆在基片上之后要经过前烘,前烘的作用是使光刻胶液中的大部分的溶剂挥发掉。它能增强光刻胶与基片的黏附性,缓和在旋转过程中光刻胶膜内产生的内应力(由于内应力光刻胶膜会发生缩小的情况),并避免在曝光过程中由于光刻胶与掩膜版接触而使光刻胶膜粘在掩膜版上,保证光刻胶在曝光时能进行充分的光化学反应,同时在显影液中使光刻胶更耐浸泡,避免不需要被显影液去除的区域被浸泡掉。前烘通常在热板上进行,温度通常为 90～100 ℃,时间通常为 30 s。

4. 对准曝光

曝光时将掩膜版置于光源与光刻胶之间,将掩膜版与基片上的正确位置进行对准后,将基片紧贴于掩膜版(接触式曝光),用紫外光透过掩膜对光刻胶进行照射,在受光照到的地方,光刻胶发生化学反应,从而改变该区域的光刻胶的性质。曝光是光刻中的关键工序。光刻胶对波长 300～500 nm 范围内的光敏感。最常用的光源是汞灯,曝光时间是这一步骤的关键参数,直接决定了图形的形状。除接触式曝光外,还有接近式复印曝光、投影曝光等形式。

5. 显影

显影是把曝光过的基片浸泡于显影液中,使显影液将特定位置的光刻胶去除,以获得与掩膜相同(正光刻胶)或相反(负光刻胶)的图形。显影时间视操作条件而异,一般以 1～3 min 为宜。显影后将基片用去离子水冲洗并干燥。

6. 坚膜

坚膜是将显影后的基片进行清洗后在一定温度下烘烤,以彻底除去光刻胶中的溶剂的过程,目的是使胶膜与基片紧密黏附、防止胶层脱落、并增强胶膜本身的抗蚀能力。一般坚膜温度在 120～200 ℃之间,时间为 20～120 min。

3.3.2 刻蚀方法及特性

刻蚀是以坚膜后的光刻胶作为保护层,通过化学或物理方法将基片上不被保护区域的图形剥离下来,以得到期望图形的方法。

根据刻蚀剂的状态不同可将刻蚀工艺分为湿法刻蚀和干法刻蚀两大类。湿法刻蚀是通过化学刻蚀液和被刻蚀物质之间的化学反应将被刻蚀物质剥离下来的刻蚀方法。大多数湿法刻蚀是不容易控制的各向同性的刻蚀过程。其特点是选择性高、均匀性好、对硅片损伤少,几乎适用于所有的金属、玻璃、塑料等材料。缺点是图形保真度不强,刻蚀图形的最小线宽受到限制。干法刻蚀是指利用高能等离子体(气态的原子或分子)与基片表面反应形成挥发性物质,或直接轰击薄膜表面使之被刻蚀的工艺。其最大的特点是能实现各向异性刻蚀,具有更好的侧壁剖面控制,即纵向的刻蚀速率远大于横向刻蚀的速率,在微小结构的制作中更具有优势。但由于设备价格昂贵,目前干法刻蚀较少用于微流控芯片的制造。

3.3.3 去胶方法

腐蚀结束后,光刻胶就完成了它的使命(通常是正胶),因此需要设法把这层无用的胶膜去掉,这一工序称为去胶。

去胶主要有下列几种方法:溶剂去胶、氧化去胶、等离子去胶。除此之外,还有紫外光分解去胶法,即在强紫外光照射下,使光刻胶分解为 CO_2、H_2O 等易挥发性气体而被除去。

经过上述各步加工制作过程,就可以用硅、玻璃或石英得到刻有微通道的微流控芯片基片。

3.3.4 薄膜与薄膜淀积

在微流控芯片的使用过程中,有时会在基片上构建一层薄膜层,经光刻形成特定图形后,可以起到不同的作用。按功能可分为用作电极或引线的导电金属膜、器件工作区的外延层、限制区域扩张的掩蔽膜、起保护或纯化和绝缘作用的绝缘介质膜等。

构成此类薄膜的材料有许多,常见的有金属、二氧化硅(SiO_2)、氮化硅(SiN_2)、硼磷硅玻璃(BPSG)、多晶硅(Poly-Si)等。薄膜生长技术很多,按形成的方式不同可分为间接生长和直接生长两大类。前一种薄膜通过原物质发生化学反应形成,具体包括气相外延化学气相沉积、热氧化等。后者则把原物质直接转移到硅片上,具体包括物理气相沉积(PVD)、化学气相沉积(CVD)、外延、涂敷等。

其中,物理气相沉积(PVD)是以物理机制来进行薄膜沉积的技术,过程不涉及化学反应,具体包括了蒸发(Evaporation)、溅射(Sputtering)等。蒸发是将待蒸发材料放置于坩埚内,在真空系统中加热并使之蒸发后在基片上沉积的过程,典型的加热方法是使用电子束加热放置于坩埚中的金属,金属吸收热能进行蒸发,并于真空环境中在基片表面发生凝结。在溅射工艺中,高能粒子撞击具有高纯度的靶材料固定平板,按照物理过程撞击出原子,这些被撞击出的原子穿过真空,最后淀积在硅片上。相比于蒸发而言,溅射在间隙填充方面具有更大的优势,因此,溅射工艺是实验室中制作片上电极时用到的主要工艺。

化学气相沉积(CVD)是通过混合气体的化学反应在基片表面淀积一层固体膜的工艺,在此过程中,基片表面及其邻近的区域被加热从而向反应系统提供附加能量。化学气象沉积的特点为:薄膜制备过程中必然产生化学变化;薄膜中所有的材料都由外部气体提供;化学气象沉积工艺中的反应物必须以气体形式参与反应。根据反应设备的条件不同,CVD 又可以继续细分为常压 CVD(APCVD)、低压 CVD(LPCVD)、等离子体增强 CVD(PECVD)、高密度等离子体 CVD(HDPCVD)。

外延就是在基片上淀积一层单晶层的过程,新淀积的这一层称为外延层。如果膜和衬底材料相同,这样的膜称为同质外延,如在硅基底上外延一层硅膜;如果膜与衬底的材料不同,这样的膜为异质外延,如在硅衬底上外延氧化铝。外延一般有三种方法,气相外延(VPE)、金属有机物 CVD(MOCVD)与分子束外延(MBE)。

3.3.5　光刻掩膜版

光刻工艺将掩膜版上的图形复制到光刻胶上,掩膜的基本功能是基片受到光束照射时,使光在图形区和非图形区形成透射或遮挡光线透过,因此掩膜版上图形的质量显著影响光刻质量。

最主要的掩膜版材料为熔融石英,掩膜版上通常采用的不透光层为铬(Cr)薄膜,且通常由溅射淀积而成,为了达到增加图形精度的目的,有时还会在铬表面形成一层氧化层从而减少光的反射。较为常见的制作掩膜版的方法为电子束光刻,利用直写将原始图稿绘制出来。

掩膜版的使用过程中会发生损伤,例如金属铬掉落、表面擦伤、灰尘颗粒玷污等,这些损伤会给后续的光刻图形精度带来不可忽视的影响。

3.3.6　硅、玻璃和石英芯片的打孔方法

在微流控芯片的使用过程中,需要外接管子对流体进行控制,所以需要在芯片上进行打孔以实现管子的连接。对于硅、玻璃和石英类芯片而言,其打孔方法包括金刚石打孔法、超声波打孔法和激光打孔法等。金刚石打孔法设备简单,打孔速度快,但钻头质量对打孔质量影响很大。超声波打孔法利用超声波的能量实现打孔的功能,可以得到光滑、整齐的边缘,但在使用前必须对玻璃表面进行严格的清洗,以除掉残留碎屑。激光打孔法能将激光能量聚焦到很微小的范围内把工件"烧穿",很适合在熔点高、硬度大的材料上打孔,可以打出的截面很小但深度很深的孔,最小孔径可达几微米,但设备较贵,孔周围易产生微裂痕,且钻孔过程中产生的溶胶微粒容易沉积在孔的周围,这些微粒在键合前需要通过超声和抛光清除。

3.3.7　硅、玻璃和石英芯片的键合流程

微流控芯片需要芯片形成紧密的键合(bonding),这就要求玻璃和石英表面必须具有很高的洁净度,需要将在芯片制作过程中残留的小颗粒、有机物和金属物清除干净。因此在芯片键合之前,需要对芯片的基片和盖板进行严格的化学清洗,以除去表面的有机物等杂质。之后的芯片键合过程应在超净间内完成。例如玻璃和石英在键合前,通常要在 70% 的浓硫酸和 30% 的过氧化氢混合溶液(piranha solution,食人鱼溶液)中清洗 10～20 min,之后进行去离子水冲洗、烘干步骤。此外,玻璃和石英表面应具有较好的亲水性,这对于低温键合的进行是很有利的。氧等离子体和 UV 臭氧等离子体也可以清除玻璃和石英表面的有机残留物,同时使表面亲水性增强。需要说明的是,芯片表面的平整程度和粗糙度会很大程度上影响键合的效果。

键合的方法主要包括以下几种。

1. 热压键合

热压键合是玻璃芯片键合中最常用的一种方法。将洁净的基片刻有微通道的一面朝上，将盖板覆盖在基片上，两者对接后，一起放置于真空装置中 1 h，使其初步结合，然后将其置于程序化的升温炉(马弗炉)中，在基片和盖板上下各放一块抛光过的石墨板，再压一块不锈钢块。在炉内进行程序升温，然后自然冷却至室温，就可以使芯片的基片与盖板完成键合。

2. 阳极键合

阳极键合(anodic bonding)是一种比较简单而有效的键合方法，可以实现玻璃片和硅片的永久键合。实际操作中，先将洁净的玻璃片和硅片对齐并紧贴，将玻璃片与电源负极相连，硅片与电源正极相连，在玻璃片和硅片之间施加 500～1 000 V 高压，温度控制在 300～500 ℃。此时，玻璃中的 Na^+ 会发生漂移(带电粒子的定向流动)而向硅片流动，整个电路中有电流流过，紧邻硅的玻璃表面会上形成一层极薄的空间电荷区(或称耗尽层)。由于耗尽层带负电荷，硅带正电荷，所以硅片和玻璃之间存在较大的静电吸引力，使两者紧密接触，并在键合面发生物理化学反应，形成牢固结合的 Si-O 共价键，从而完成键合过程。

3. 低温黏接

采用低温黏接技术，以氢氟酸(HF)和硅酸钠为黏合剂，可成功实现玻璃芯片的键合。将 1‰HF 滴入两片玻璃的缝隙之中，在室温下施加一定的压力，在几小时内即可成功实现黏接。环氧胶和 PDMS 也可以用来作为黏合剂。

3.4 微流控芯片中的高分子聚合物的制备工艺

在微流控芯片中，各种微结构也可以用许多高分子聚合物来构建，如最常用的聚二甲基硅氧烷(Polydimethylsiloxane，PDMS)，以及如聚甲基丙烯酸甲酯(Polymethylmethacrylate，PMMA)、聚碳酸酯(Polycarbonate，PC)等。高分子聚合物具有可塑性、硬度低、弹性好等特点，在制备微流控芯片时，与玻璃类芯片有很大的区别。

3.4.1 高分子聚合物内微结构构建

在高分子聚合物内构建微流控微结构时，采用的制作技术主要包括热压法、模塑法、注塑法、LIGA 法、激光烧蚀法和软光刻法等。

1. 热压法制作流程

热压法是一种应用比较广泛的快速复制微结构的芯片制作技术，制作中将高分子聚合物与模具对准后并施加一定压力，利用加热后高分子聚合物变软可塑的特性，将模具上的结构压印到高分子聚合物基片上。

在热压法当中，采用的模具可以是直径在微米量级的金属丝，利用金属丝可以在高分子聚合体内制作横截面为圆形的微通道，但是，在多条通道的连接的位置，金属丝脱模形成的微通道难以在接口处形成规则的连接。也可以采用有凸起的微通道结构的硅片阳模来制作微通道，通道连接处更规则、可控。

2. 模塑法制作流程

模塑法是目前在高分子聚合物内构建微结构的主要方法，主要是通过光刻胶在玻璃基片或硅基片上构建微结构,将有微结构的基片作为模具,再将聚合物前体放置于模具上进行模塑,脱模后得到构建有微结构的高分子聚合物弹性体。实验室中常用 SU-8 系列光刻胶直接形成微结构来制作阳模模具,用高分子聚合物聚二甲基硅氧烷(PDMS)进行模塑。此外,阳模也可由硅材料、玻璃等通过刻蚀制备。高分子聚合物材料还可以是环氧树脂、聚脲、聚丙烯酸、橡胶和氟塑料等。这种方法需要的试剂、材料与制作过程简单,目前是实验室里制作微流控芯片的最常见方法。

3. 注塑法制作流程

注塑法将原料置于注射机中,原料在受热后变为流体流入模具,冷却后在高分子基片上形成微结构。但是该方法的模具制作过程复杂、技术要求高、周期长,实验室中应用不广泛。但由于一个好的模具可生产 30 万～50 万张聚合物芯片,重复性好、生产周期短、成本低廉,该方法适用于已成型芯片的大量生产。

4. LIGA 法制作流程

LIGA 是德文 Lithographie、Galanoformung 和 Forming 三个词的缩写,是一种结合基于 X 射线光刻与电铸制造来制作精密模具、再大量复制微结构的工艺。在该方法中,先将对 X 射线敏感的光刻胶(通常是 PMMA)均匀涂覆在导电金属薄膜上,光刻胶厚度可达到几百微米厚,利用 X 射线同步辐射光源照射,就可以将掩膜版上的图形转移到深度达到几百微米的光刻胶层上。由于 X 射线的高平行度与高能量,足以使几百微米厚的光刻胶在曝光后发生长链断裂(以 PMMA 为例),以便于被 X 射线照射的区域在后续的显影过程中被去除。所以,该方法在制造高的高宽比结构时具有很大优势。之后经过显影步骤将光刻胶涂层上被曝光区域去除,就得到了与掩膜版一致的光刻胶三维微结构。之后将光刻胶下方的金属板作为阴极对微结构进行电镀工艺,电镀后金属会填充光刻胶结构之间的空隙。最后将光刻胶去除,就得到了一个高的高宽比三维立体微结构模具,该模具在宽度仅为几微米时高度可达几百微米。

最后利用金属模具对高分子聚合物进行多次模塑、脱模,就可以实现高分子聚合物内的微结构构建。

5. 激光烧蚀法制作流程

激光烧蚀法是一种非接触式的微细加工技术。它利用掩膜或直接根据计算机 CAD 的设计数据和图形,在 XY 方向上精密控制激光的位置,从而在金属、塑料、陶瓷等材料上加工出不同形状尺寸的微孔穴和微通道结构。该方法的优点是所得到的微流控芯片结构通道壁垂直、深宽比大,对掩膜的依赖性较小,灵活性较好;缺点是一次只能制作一片,生产效率较低,紫外激光器价格昂贵,能量大,有一定的危险,需在标准激光实验室中操作,因此尚未广泛应用于微流控芯片的制备。

6. 软光刻法制作流程

软光刻法于 20 世纪 90 年代末出现,该方法用弹性模代替了光刻中使用的硬模产生微形状和微结构,是当时的一种新的微图形复制技术。软光刻技术的出现和 PDMS 材料的大规模应用是分不开的,它是微流控芯片发展史上一个重要的里程碑。相对于传统的光刻技术,软光刻更加灵活。它能制造复杂的三维结构,甚至能在不规则曲面上应用;能应用于许多材料,如胶体材料、玻璃、陶瓷等;它没有光散射带来的精度限制,可以制作 30 μm～1 mm 范围内的尺寸;此外,它所需设备较为简单,在普通的实验室环境下就能应用,因此软光刻是一种便宜、方便、适于一般实验室使用的技术。

软光刻法的核心是弹性模印章(Elastomeric Stamp),这种印章可以通过光刻蚀和模塑的方法制得。PDMS 是软光刻法中最常用的弹性模具印章材料,在制作过程中应防止由于重力、黏结、毛细作用力等导致的微结构倒塌,从而减少 PDMS 弹性模具的缺陷。软光刻法的关键技术主要包括微接触印刷(Microcontact Printing,μCP);再铸模(Replica molding,REM);微传递成模(Microtransfermolding,μTM);毛细管成模(Micro-molding in Capillaries,MIMC);溶剂辅助成模(Solvent-assisted Micromolding,SAMM)等。

软光刻法也在应用中存在着一定的局限性,比如 PDMS 在受热固化后会发生约 1‰ 收缩;另外在甲苯和乙烷的作用下,宽深比将出现一定的膨胀;PDMS 的弹性和热膨胀性使其很难获得高的精确性,也使软光刻在多层面的微加工中受到限制;由于弹性模太软,无法获得大的深宽比,太大或太小的深宽比都将导致微结构的变形或扭曲。

3.4.2　高分子聚合物芯片的打孔方法

高分子聚合物芯片的打孔方法主要有三种:一是钻孔法,用有机高分子聚合物板材做芯片时,此方法打孔简单、快速,用高质量的金属钻头即可打出周边光滑平整的孔;二是模具法,此方法适用于注塑法和模塑法生产的芯片,即在芯片模具制造过程中将孔径一定的圆柱安放在模具的相应位置上,这样生产出来的芯片就拥有大小一样、周边光滑平整的孔,此方法制得的孔质量最好;三是空心管切割法,该方法适用于模塑法生产的 PDMS 芯片打孔,设备简单、操作方便。

3.4.3　高分子聚合物芯片的键合流程

可用于微流控芯片制作的高分子材料有很多种,因材料性质的不同键合方法也有所不同。常见的键合方法有热压法、热或光催化黏合剂黏合法、有机溶剂黏接法、自动黏接法、等离子氧化键合法、紫外照射法和交联剂调节法等。

热压法中,通过加热和施加一定的压力可以将刻有微通道的聚合物基片与盖板键合在一起。但如果这一温度接近聚合物的玻璃态温度,就有可能导致芯片中的微通道变形。为了尽量减小键合过程对微通道的影响,可以在聚合物盖板上涂上一层低玻璃态温度的聚合体。

热或光催化黏合剂也可以将聚合物芯片黏接在一起,但对于 PMMA 材料而言,在操作过程中黏合剂很容易进入并堵塞微通道,要特别小心防止。亦可采用工业用的碾压法将 PMMA 膜与 PMMA 基片快速键合起来。

将 PDMS 基片和盖板表面先用等离子体氧化处理,或紫外线照射,再将两者键合在一起,则可以使 PDMS 芯片实现不可逆键合,键合更为牢固和持久。另外,通过调整 PDMS 前体和交联剂的配比,已能够起到改善基片与盖片的键合牢固度的作用。

3.5　本章小结

本章介绍了微流控技术、微流控芯片常用的材料与制备工艺。微流控芯片制备的一类主要材料是硅与硅酸盐类基片,这类材料的制备工艺主要包括了光刻、刻蚀、去胶、薄膜与薄膜淀积、光刻掩膜版、打孔与键合等流程。微流控芯片的另一类主要材料是高分子聚合物,其制备工艺主要包括高分子聚合物内微结构构建、打孔与键合等流程。

第 4 章

连续式微吸管用于肿瘤单细胞力学特性检测

微吸管是压缩通道的原型,对基于微吸管的测量方式及细胞进入微吸管的力学模型的研究,对压缩通道的研究具有借鉴意义。常规的微吸管检测方式不连续、通量低[86],连续式的微吸管已应用于白细胞力学特性的连续性检测[39,87,88]。然而,尚无文献对肿瘤细胞的细胞质黏度参数进行报道,肿瘤细胞的细胞质黏度所适用的力学模型尚不清楚。

本章介绍了基于连续式微吸管的肿瘤单细胞力学特性高通量检测方法,论证了适用于肿瘤细胞进入微吸管的力学模型,每种样本得到数百个肿瘤细胞质黏度,测量方式实现连续式,区分了不同种细胞和不同状态细胞。

4.1 原理与方法

细胞质是一切生命活动的主要场所,其内部不断发生着分子交换、细胞骨架动态变化、信号传导与生物合成。细胞质由细胞质基质、细胞器、细胞内含物等构成,其中,细胞质基质由水(占 80% 以上)、细胞骨架(由微丝、微管和中间丝构成)、酶以及各种生物因子等构成[3]。由于细胞质的主要成分为水,通常认为其呈现凝胶特性,故细胞质黏度就成了单细胞力学特性参数的一个重要的参数[89]。已有研究报道了细胞质黏度与细胞状态、疾病的关系[11]。

细胞质黏度的常规检测方法为微吸管法。常规微吸管使用小压强(约 10 Pa)吸引细胞部分进入微吸管,细胞缓慢地进入过程反映了其力学特性,一个细胞测量完成后,需要将其推出方可进行下一个细胞的测量,该方法检测方式不连续、检测通量低[86]。连续式的微吸管已应用于白细胞力学特性的检测[39,87,88],该方法使用千帕级的压强连续不断地将细胞吸入微吸管。本章使用连续式微吸管对肿瘤细胞的细胞质黏度进行连续性测量。

该方法的难点在于选择适用于肿瘤细胞实验条件的力学模型。本章通过对力学模型进行分析,明确了肿瘤细胞进入微吸管的适用力学模型,并将确定的模型应用于肿瘤细胞力学特性的检测。

图 4.1 为基于微吸管的肿瘤单细胞质黏度检测原理图,内容有(a)实验操作;(b)细胞质黏度牛顿液滴力学模型;(c)细胞进入微吸管的进入长度随时间的典型变化。实际操作中使用千帕级压强将肿瘤单细胞连续地吸入微吸管口部,通过摄像机采集细胞的尺寸和随时间的变形情况,如图 4.1(a)所示。经过图像处理可以得到细胞进入长度(L_p)随时间的变化以及细胞半

径(R_c),再结合牛顿液滴等效力学模型,如图 4.1(b)所示,最终可以得到肿瘤细胞的细胞质黏度(μ_c)。

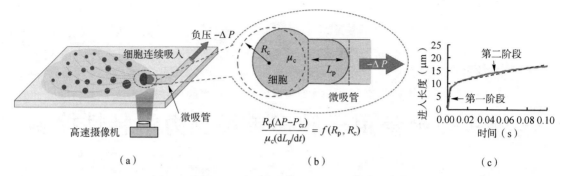

图 4.1　基于微吸管的肿瘤单细胞质黏度检测原理图

(a)实验操作;(b)细胞质黏度牛顿液滴力学模型;(c)细胞进入微吸管的进入长度随时间的典型变化

4.2　单细胞黏度检测的力学模型

在单细胞力学检测领域,细胞常被视作一个连续体,对于这个连续体有两种常见的模型描述,即固体模型与液滴模型[90]。在固体模型当中,细胞被等效为一个黏弹性体,特征量为瞬时杨氏模量、终态杨氏模量与时间常数,瞬时杨氏模量与终态杨氏模量数值接近;在液滴模型中,细胞被等效为由一层薄膜包裹的黏性液体,特征量为细胞质黏度与细胞膜表皮张力,细胞质黏度的效果显著大于细胞膜表皮张力的效果[90]。在细胞模型种类的选择中,常见的做法是研究实验中采集到的数据,根据实验现象来推断其更像固体或是更像液体,从而决定采用固体模型或是液体模型来解释细胞的进入过程。

图 4.1(c)为一个典型细胞进入微吸管的进入长度 L_p 随着时间 t 变化的曲线图。从图中可以看出,曲线可以划分为两个阶段,在第一阶段,细胞进入速度发生突变,在第二个阶段,细胞以恒定速度进入微吸管。对于图 4.1(c)所示的这类细胞进入曲线,若按照固体模型进行解释,那么在细胞进入的第一阶段速度突变可能是由于瞬时杨氏模量引起的[38,91],但是,本实验中细胞在千帕级的较大压强吸引下进入微吸管,这一突变极有可能由于细胞在进入微吸管时被其阻挡而产生的速度突变,所以,这一阶段的数据不可以作为瞬时杨氏模量提取的依据,而第二阶段的恒定速度运动体现了固体模型中的终态杨氏模量。对于一个含有三个未知量(瞬时杨氏模量、终态杨氏模量与时间常数)的固体模型而言,由于第一阶段的数据不可以作为瞬时杨氏模量提取的依据,仅凭借第二阶段数据无法提取细胞的终态杨氏模量,即对于固体模型无法由实验数据提取特征量,所以本章没有采用固体模型去描述细胞的进入过程。若以液体模型去描述细胞进入过程,那么,细胞在进入的第一阶段的速度突变可能由于细胞膜表皮张力引起。同样地,由于细胞在较大压强吸引下进入微吸管,这一突变极有可能由于被微吸管的阻挡而产生,所以这一阶段的数据同样不可以作为细胞膜表皮张力提取的依据;对于第二阶段,细胞以恒定速度进入微吸管,体现了液滴模型中的细胞质黏度。由于细胞膜张力的作用效果远小于细胞质黏度的作用效果,实际的模型计算过程中常常将细胞膜表皮张力的作用忽略(对

于细胞膜表皮张力可以被忽略的原因后续会进行数值计算加以验证），从而可以仅采用第二阶段的数据以求得细胞质的黏度参数。根据以上分析可知，液滴模型能够更好地描述本书中的细胞进入微吸管的过程。

液滴模型中经典的模型是牛顿流体模型，该模型最先由加拿大不列颠哥伦比亚大学的 Yeung 教授和 Evans 教授提出[43]。该模型将细胞描述为一层薄膜包裹的黏性液体，其特征量为细胞质黏度 μ_c 与细胞膜表皮张力 T_0。在这个模型中，假设速度场在表皮与细胞内部之间连续，细胞质被等效为均一的牛顿流体，细胞膜等效为各向异性的黏性流体表皮，表皮具有表面张力但无弯曲阻力。

细胞膜张力有

$$(T_1 + T_2)/2 = T_0 + \kappa V_a/2 \tag{4.1}$$

$$(T_1 - T_2)/2 = \eta V_s, \kappa = 3\eta \tag{4.2}$$

式中，T_1 与 T_2 分别为互相垂直的平面应力，T_0 是平面内的各向同性的零剪切率下的静态张力；κ 与 η 分别为表面黏度的膨胀与剪切系数；V_a 与 V_s 分别为膨胀速率与剪切速率。

细胞膜表皮张力压 P_{cr} 定义为压强作用与细胞膜表皮张力的作用平衡时所施加的外界压强，此时细胞保持静止，当外界施加压强超过 P_{cr} 时，细胞将如液体般“流”入微吸管内。P_{cr} 的数值决定于细胞膜表皮张力 T_0，由拉普拉斯公式得到的细胞膜表皮张力压 P_{cr} 满足：

$$P_{cr} = 2T_0(1/R_P - 1/R_c) \tag{4.3}$$

式中，R_P 为微吸管的半径，R_c 为细胞的半径。

细胞两端压强 ΔP 超过 P_{cr} 时细胞如液体般流入微吸管，关系式为

$$\mu_c(\dot{L}_p/R_p)/(\Delta P - P_{cr}) = f(R_p/R_c, \tilde{\eta}) \tag{4.4}$$

式中，ΔP 为细胞前后两端的压强差，L_p 为细胞进入微吸管的长度，$\dot{L}_p$ 为细胞进入微吸管的速度，R_c 为细胞的半径，且 $\tilde{\eta} = \eta/(\mu_c R_c)$，反映了细胞膜对于细胞流入微吸管的不同程度的阻碍作用，微吸管越小阻碍越显著。在该模型中，通过实验数据得到了 $\tilde{\eta} \approx 0.01$，其意义为相比于细胞质黏度，细胞膜表皮张力的作用可以忽略。

随后，美国杜克大学的 Needham 教授与 Hochmuth 教授发现当满足条件 $0.5 \leqslant R_p/R_c \leqslant 1.0$ 时，$\dot{L}$ 与 R_c 呈现线性关系[92]，这样式（4.4）可简化为

$$\frac{R_p(\Delta P - P_{cr})}{\mu_c(\mathrm{d}L_p/\mathrm{d}t)} = 6\left(1 - \frac{R_p}{R_c}\right) \tag{4.5}$$

在本书中，压力差 ΔP 与微吸管半径 R_p 为已知参数，细胞进入微吸管长度 $L_p(t)$ 与细胞半径 R_c 通过图像处理过程得到。

由于本章中采用的实验压强为千帕级，远大于细胞膜表皮张力的作用。在本实验中，R_p 为 5 μm，R_c 为 6.0～12.5 μm，由此可以估算肿瘤细胞表皮张力 T_0 在 10^{-5} N/m 量级[90]，细胞膜表皮张力压 P_{cr} 由式（4.3）决定，由此估算得到的细胞膜表皮压力压 P_{cr} 约为 10 Pa 量级。本实验中采用的实验压强为 -5 kPa 与 -10 kPa，远大于细胞膜表皮压力 P_{cr}，相比于细胞内部表皮作用可以忽略，所以本书忽略细胞膜张力以简化实验计算过程，这与之前 Yeung 和 Evans 模型中提到的 $\tilde{\eta} \approx 0.01$ 是一致的。鉴于本实验测量压强远大于细胞膜表皮压力，本实验将细胞膜表皮张力的作用忽略，式（4.5）被简化为

$$\frac{R_p\Delta P}{\mu_c[\mathrm{d}L_p(t)/\mathrm{d}t]} = 6\left(1 - \frac{R_p}{R_c}\right) \tag{4.6}$$

这一做法在之前介绍的白细胞细胞质黏度检测中也同样被采用[87,88,92]。至此已推导出用于微吸管细胞质黏度计算的模型公式(4.6)。由该式可知 $L_p(t)$ 随时间呈线性变化,这点在后续的实验数据中将得到验证。

以上论证过程说明细胞进入微吸管的过程适合于牛顿液滴力学模型,并得到了细胞质黏度的计算力学模型公式(4.6)。

4.3　实验关键参数与数据处理方法

本章对两种肿瘤细胞系、细胞松弛素 D 处理的细胞系在不同的压强下进行了细胞质黏度测量。细胞松弛素 D(CD)是一种渗透性的真菌毒素,用于细胞的骨架解聚,在已介绍的文献中常被用来研究细胞骨架被破坏后的细胞特性[88]。实验过程中对 H1299 细胞进行了细胞骨架破坏处理,用以研究细胞骨架对于细胞质黏度的影响,证明细胞质黏度参数可以对细胞状态进行评估。

实验中需要设置多组对照实验来对本方法进行论证,多组实验的参数分别是:① -10 kPa 压强下测量 H1299 细胞系;② -10 kPa 压强下测量 A549 细胞系;③ -10 kPa 压强下测量细胞 CD 处理的导致骨架损坏的 H1299 细胞系;④ -5 kPa 压强下测量的 H1299 细胞系。其中组①与组②对比可以了解不同种细胞的细胞质黏度的差异,组①与组③对比可显示细胞骨架对于细胞质黏度的影响;组①与组④对比可以了解本检测方法是否依赖于压强,若两组结果一致则能说明该方法具有压强无关性,说明检测结果的准确性。

本章采用了基于人工神经网络的模式识别方法对得到的单细胞质黏度数据进行分析,用于得到两组数据的区分度。相比于常规的数据分析方法,基于人工神经网络的模式识别方法具有一定优势。①基于人工神经网络模式识别的方法在将两组数据作区分时,可以提供分类成功率这一参数。对于一个类别不明确的样本,它可以提供其所属某一类别的置信程度,而许多其他的统计学方法(如普遍使用的 T 检验)却无法做到这一点;②由于人工神经网络是一个非线性的系统,基于人工神经网络的模式识别方法对于待处理的样本没有严格的样本分布要求,相比于其他的统计学方法更具有普适性(如在 T 检验中要求待测样本符合正态分布)。

4.4　连续式微吸管用于细胞质黏度检测的方法实现

4.4.1　材料与设备

除非特别说明,所有的细胞处理相关试剂均购置于 Life Technologies Corporation(美国),包括细胞培养液 RPMI-1640、胎牛血清(Fetal Bovine Serum),青霉素－链霉素双抗(Penicillin-Streptomycin),0.25% 胰蛋白酶(Trypsin),磷酸盐缓冲液(Phosphate Buffer Saline)。两种肺癌肿瘤细胞系(A549 细胞系和 H1299 细胞系)均购置于国家细胞资源共享平台。

微吸管内径为 10 μm,由拉针仪 P-1000(Sutter Instruments,美国)制备,压力控制器 Pace 5000(GE Druck,美国)用于驱动细胞核进入压缩通道,高速摄像机 phantom-M320S(Vision Research Incorporated，美国)、倒置显微镜 IX83(Olympus，日本)用于记录细胞核在压缩通道内的穿行过程。

4.4.2 微吸管实验关键参数

1. 微吸管尺寸

本章提出基于连续式微吸管用于肿瘤细胞质黏度的连续性测量。为了实现细胞的连续性测量从而提高检测通量，考虑到微吸管口部尺寸过大时难以使细胞发生显著形变、而微吸管口部尺寸过小时难以连续式吸入细胞(细胞易阻塞微吸管且细胞易损伤)，常选用的微吸管直径为待测细胞直径的 2/3，这样的尺寸可使细胞有效发生形变，且不阻塞微吸管从而形成连续式进入。

2. 压强与视频帧率

常规的微吸管使用小压强(约 10 Pa 量级)来吸引细胞，细胞被吸引进入微吸管当中发生形变，之后需要将已吸入的细胞排出才可以进行下一个细胞的测量[43,93]，这样间断式的测量方式通量低。考虑到常规的微吸管的缺陷，已有方法使用千帕级压强测量白细胞的细胞质黏度，但并未对肿瘤细胞系进行应用。为实现改良微吸管对于肿瘤细胞样本的检测，本章对于实验的压强与视频采集帧率进行了设计。

在已介绍的使用连续式微吸管地测量白细胞细胞质黏度的方法中，使用的压强为 $0.5\sim 2$ kPa，对应的细胞进入微吸管的时间为 $0.8\sim 3.3$ s[92]。已知白细胞的直径为 $8\sim 10$ μm，肿瘤细胞的细胞直径为 $14\sim 20$ μm，相比于白细胞，也就是说肿瘤细胞具有更大的尺寸与更高的细胞质黏度，这造成了同样实验条件下肿瘤细胞将更难以进入微吸管。基于以上几点，实验压强设为千帕量级，视频采集速度设为几百帧/秒，实际的参数确认还需要结合实验情况、图像采集设备的采集速度、存储容量来确定。

4.4.3 细胞处理

肺癌细胞系 A549 与 H1299 培养在 37 ℃、5％的 CO_2 浓度、10％(体积比)的胎牛血清、1％(体积比)青霉素-链霉素双抗的 RPMI-1640 培养基当中。力学测量实验开始前，用胰蛋白酶处理培养瓶中的细胞，经过离心过程，制备成浓度为 10^6 个/毫升的待测细胞悬浮液。

实验过程使用细胞松弛素 D(CD)对 H1299 细胞进行了细胞骨架破坏处理，具体过程为：将含有 1 μg/mL 的 CD 细胞培养基加入到 H1299 细胞培养瓶中，处理 30 min 后细胞骨架蛋白解聚，经过胰蛋白酶处理、离心与重悬过程，最终得到浓度为 10^6 个/毫升的 CD 处理的 H1299 细胞悬浮液。

4.4.4 细胞质黏度测量与数据处理

实验中，将浓度为 10^6 个/毫升的细胞加入到载玻片上，利用负压吸引细胞进入微吸管当中。为了证明不同压力条件下测量结果的一致性，实验中采用了 -5 kPa 与 -10 kPa 两个压力值。细胞在负压的作用下连续地进入微吸管口部并被高速摄像机记录下来，高速摄像机采集速度为 400 帧/秒(-5 kPa 条件下)与 800 帧/秒(-10 kPa 条件下)。肿瘤细胞进入微吸管图片与进入长度随时间的变化曲线如图 4.2 所示。

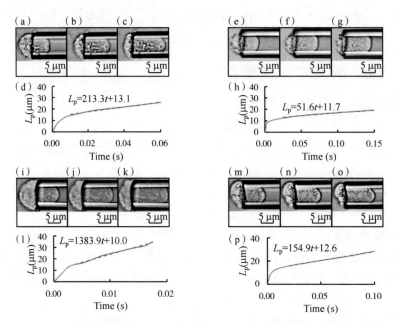

图 4.2　肿瘤细胞进入微吸管图片与进入长度随时间的变化曲线

(a～d)－10 kPa 压强下测量的 H1299 细胞;(e～h)－10 kPa 压强下测量的 A549 细胞系;

(i～l)－10 kPa 压强下测量的 CD 处理的 H1299 细胞系进;(m～p)－5 kPa 压强下测量的 H1299 细胞系

　　图像数据采集完成后,经过一系列图像处理过程可以得到细胞的半径(R_c)和细胞进入长度(L_p)随时间变化的曲线。视频图像处理过程包括采用帧分离、背景减除、二值化、滤波、边缘检测来得到细胞在侧通道的进入长度 L_p 随时间的变化和细胞的直径 R_c。

　　在视频图像处理过程中,采用帧分离、背景减除、二值化、滤波、边缘检测来得到细胞在侧通道的进入长度 L_p 随时间的变化和细胞的直径 R_c。具体地,实际的视频处理过程中,通过帧分离技术从细胞形变的视频数据中得到单张的图片数据,进而可以进行后续的图像处理过程。对于分离得到的单张图片数据,由于我们只关心细胞的运动变化,在帧分离之后采用了背景减除,从而将细胞运动以外的数据进行去除。由于原始的图像数据为 RGB 数据,数据量大运算速度慢,这里还采用设定阈值对背景减除后的图像进行二值化,增加了图像的实际处理速度。二值化之后图片中可能存在由于液体流动或细胞碎屑引起的噪声,故还采用了滤波对每张图片的噪声进行剔除。最后,对每一帧图片采用边缘检测技术提取细胞在侧通道中的进入长度 L_p 和细胞直径 R_c,最终可以得到每个细胞的进入长度 L_p 随时间的变化及其对应的细胞直径 R_c,作为后续细胞质黏度 μ_c 计算的原始数据。

　　另外,本章还采用了三层(一个输入层、一个隐含层和一个输出层)的人工神经网络模型(MATLAB R2016a,mathwork)来对三组对照数据进行区分,三组对照数据分别是:①－10 kPa 压强下测量的 H1299 与相同压强条件下测量的 A549 细胞质黏度对比;②－10 kPa 压强下测量的 H1299 与相同压强条件下 CD 处理的 H1299 细胞质黏度对比;③－10 kPa 压强下测量的 H1299 细胞质黏度与－5 kPa 压强下测量的 H1299 细胞质黏度对比。具体地,将各组的黏度数据作为人工神经网络的输入数据输送到模型中去,该模型将输入数据的 70% 作为训练集从而得到用于细胞分类的人工神经网络,再将输入数据的另外 30% 作为测试集,根据两个集的分类成功率综合得到该网络的分类成功率,即两组数据的区分度。得到的混淆矩阵中,红色、绿色、蓝色方块分别代表了错误响应率、正确响应率、总正确率(即本书中的区分度)。在本书中采用人工神经网络分类器,区分度 50% 意味着两种数据无法区分,而区分度 100% 意味着将两组数据成功区分的置信程度为 100%。从 50% 起,区分度越接近 100% 意味着两组数据的差异性越显著[94]。

四分位统计是统计学常用的统计方法,该方法中,将数据排序,对处于前 25%、50%、75% 的数据分别进行统计,分别作为第一四分位数(Q_1)、第二四分位数(Q_2)、第三四分位数(Q_3),三个四分位数 Q_1、Q_2、Q_3 可以反映样本的分布情况,其中 $\dfrac{Q_3 - Q_1}{Q_3 + Q_1}$ 被称作四分位离散系数,其数值大小反映了样本的离散程度。本书采用四分位数对各组的细胞质黏度数据进行统计。

4.5　结果与分析

本章对两种肿瘤细胞系、细胞松弛素 D 处理的细胞系在不同的压强下进行了细胞质黏度测量。图 4.2 所示为肿瘤细胞进入微吸管的显微图片及其进入长度 L_p 随时间的变化曲线。经过对进入长度 L_p 随时间的变化曲线进行曲线拟合发现,细胞的进入过程大致可以分为两个阶段。在第一个阶段,L_p 发生突变,这个现象可能由于细胞的在进入微吸管受到微吸管阻碍产生,或由细胞膜表皮张力引起,之前的许多研究已对细胞的这一弹性特性做了详细的研究[38,91],由前面的模型设计部分可知,细胞在第一阶段的速度突变可能由于进入速度过快导致,而这一进入的初速度难以量化,所以本书采用第二阶段的数据来对细胞的力学特性进行研究。在第二个阶段,L_p 随时间呈线性式地变化,这一变化由细胞质的黏度引起,这与之前模型设计部分的预期是一致的,通过对这一部分的 L_p 随时间变化曲线得到细胞的进入速度为 $\mathrm{d}L_p(t)/\mathrm{d}t$。从细胞进入曲线图 4.2(d)、(h)、(l)、(p)中可以发现,进入长度曲线 $L_p(t)$ 随时间线性增加,这说明了肿瘤细胞的力学特性符合牛顿流体液滴模型。本书使用牛顿流体液滴模型将肿瘤细胞的进入曲线转化为细胞质的黏度参数。

图 4.3 所示为各组实验的吸进入时间 T_c 与吸入速度 $\mathrm{d}L_p(t)/\mathrm{d}t$ 的散点图。所谓进入时间 T_c 指的是细胞开始接触微吸管到完全进入微吸管所用的时间。据统计,-10 kPa 压强下测量的 H1299 细胞的 T_c 为 0.06±0.11 s;-10 kPa 压强下测量的 A549 细胞系的 T_c 为 0.19±0.33 s;-10 kPa 压强下测量的 CD 处理的 H1299 细胞系的 T_c 为 0.04±0.10 s;-5 kPa 压强下测量的 H1299 细胞系的 T_c 为 0.15±0.24 s。根据进入时间可以对本方法的检测通量进行大致的估算,考虑到细胞与细胞之间的时间空隙,这个方法能够实现约 1 个/秒的检测通量,当对细胞悬浮液的浓度进行进一步优化之后,检测通量或可提升至 10 个/秒。T_c 与 $\mathrm{d}L_p(t)/\mathrm{d}t$ 为检测过程当中的中间参数,两个参数决定于细胞的尺寸、力学特性与压强大小。将 H1299 细胞在两个检测压强下(-5 kPa 和-10 kPa)的结果对比后可以发现,在较高压强下测量的 H1299 细胞具有较小的 T_c 值和较高的 $\mathrm{d}L_p(t)/\mathrm{d}t$ 值。将 H1299 细胞与 CD 处理后的 H1299 细胞的结果对比后发现,经过 CD 处理的 H1299 细胞由于细胞骨架的损伤导致较小的 T_c 值和较高的 $\mathrm{d}L_p(t)/\mathrm{d}t$ 值。

如图 4.4 所示为(a)-10 kPa 压强下测量的 H1299 细胞(n_{cell}=652);(b)-10 kPa 压强下测量的 A549 细胞系(n_{cell}=785);(c)-10 kPa 压强下测量的 CD 处理的 H1299 细胞系(n_{cell}=651)与(d)-5 kPa 压强下测量的 H1299 细胞系(n_{cell}=600)的细胞质黏度 μ_c 与细胞半径 R_c 的散点图。图 4.4(e)~(h)展示了各组对应的黏度分布。据统计,-10 kPa 压强下测量的 H1299 细胞系黏度集中分布于区间 10~50 Pa·s;-10 kPa 压强下测量的 A549 细胞系黏度

集中分布于区间 200～500 Pa・s；−10 kPa 压强下测量的 CD 处理的 H1299 细胞系黏度集中分布于区间 1～10 Pa・s；−5 kPa 压强下测量的 H1299 细胞系黏度集中分布于区间 20～50 Pa・s。使用统计学的四分位数对结果进行统计，−10 kPa 压强下测量的 H1299 细胞系的三个四分位数（Q_1、Q_2、Q_3）及四分位离散系数分别是 16.7 Pa・s、42.1 Pa・s、110.3 Pa・s 及 74%；−10 kPa 压强下测量的 A549 细胞系的 Q_1、Q_2、Q_3 及四分位离散系数分别是 144.8 Pa・s、489.8 Pa・s、1390.7 Pa・s 及 81%，−10 kPa 压强下测量的 CD 处理的 H1299 细胞系的 Q_1、Q_2、Q_3 及四分位离散系数分别是 7.1 Pa・s、13.7 Pa・s、31.5 Pa・s 及 63%；−5 kPa 压强下测量的 H1299 细胞系的 Q_1、Q_2、Q_3 及四分位离散系数分别是 16.9 Pa・s、48.2 Pa・s、150.2 Pa・s 及 80%。这些结果都显示出同种细胞内部的细胞质黏度具有分布广的特点。图 4.4(h) 为 H1299 细胞系与 A549 细胞系的细胞质黏度区分度，由人工神经网络分析得到，区分度为 76.7%。图 4.4(i) 为 H1299 细胞系与药物处理的 H1299 细胞系的细胞质黏度的人工神经网络区分结果，区分度为 67.0%。图 4.4(k) 为 −5 kPa 与 −10 kPa 压强下测量 H1299 细胞系的细胞质黏度的人工神经网络区分结果，区分度为 50.3%。

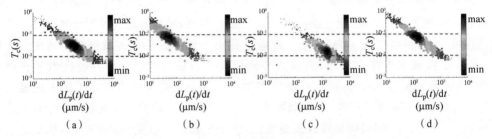

图 4.3　各组实验的进入时间 T_c 与吸入速度 $\mathrm{d}L_p(t)/\mathrm{d}t$ 的散点图

(a) −10 kPa 压强下测量的 H1299 细胞（$n_{cell}=652$）；(b) −10 kPa 压强下测量的 A549 细胞系（$n_{cell}=785$）；(c) 10 kPa 压强下测量的 CD 处理的 H1299 细胞系（$n_{cell}=651$）；(d) 5 kPa 压强下测量的 H1299 细胞系（$n_{cell}=600$）

对比 H1299 细胞与 CD 处理后的 H1299 可以发现，在细胞松弛素 CD 处理之后细胞质黏度发生了显著地下降。具体来说，H1299 未经过 CD 处理与经过 CD 处理后数据的 Q_1 分别是 7.1 Pa・s 和 16.7 Pa・s，Q_2 分别是 13.7 Pa・s 和 42.1 Pa・s，Q_3 分别是 31.5 Pa・s 和 110.3 Pa・s。基于人工神经网络的模式识别在 H1299 细胞用 CD 处理前后的数据的区分度为 67%，再次说明了 CD 的作用造成了两者细胞质黏度的差异。

对比 −10 kPa 与 −5 kPa 压强下测量的 H1299 细胞的结果可以发现其黏度分布非常接近，具体来说，−10 kPa 压强下测量的 H1299 细胞与 −5 kPa 压强下测量的 H1299 细胞数据的 Q_1 分别是 16.7 Pa・s 和 16.9 Pa・s，Q_2 点分别是 42.1 Pa・s 和 48.2 Pa・s，Q_3 分别是 110.3 Pa・s 和 150.2 Pa・s。基于人工神经网络的模式识别在两种压强下测量的 H1299 细胞的数据的区分度为 50.3%，说明两组数据基本无差异。这一结果说明，对于本书中采用的基于微吸管的单细胞细胞黏度检测方法具有压强无关性，也说明了该方法采集的黏度数据具有可信度。

相比于常规的微吸管，该方法实现了细胞质黏度的连续性测量，具有更高的检测通量，利用牛顿液滴模型力学模型得到了肿瘤细胞的细胞质黏度，由于微吸管与压缩通道的相似性，本章的理论与模型对于之后的压缩通道研究具有指导意义。但由于微吸管的结构与细胞进入微吸管方式的限制，其检测通量并未显著提升，原因是更高的检测通量要求细胞以更快的速度进入微吸管，力学模型中需要考虑细胞进入微吸管的初速度，但是这一初速度难以量化，因此，现有的力学模型中都将细胞进入微吸管的初速度近似为零。也就是说,更高的检测通量将导致实验数据与细胞力学模型的严重偏离,从而无法实现测量功能。另外,由于微吸管操作中细胞与培养液直接暴露于空气中,溶液快速地蒸发导致了细胞无法持续不断地进入微吸管,实际操作中需要定期添加新的溶液或移动微吸管来解决这一问题,也就是说,虽然相比于常规微吸管而言连续式的微吸管工作方式更连续、检测通量更高,但并未完全实现连续式检测,这也是限制连续式微吸管通量的原因之一。

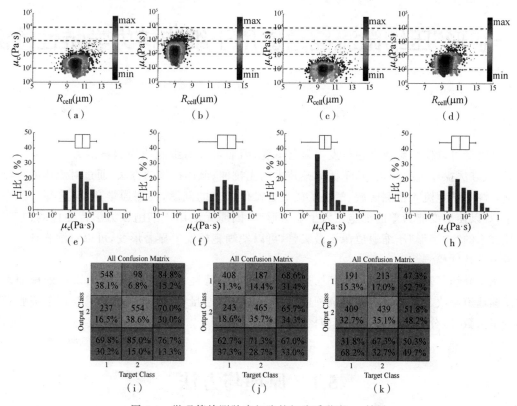

图 4.4　微吸管检测肿瘤细胞的细胞质黏度 μ_c 结果

(a)～(d)为 -10 kPa 下测量的 H1299、-10 kPa 压强下测量的 A549、-10 kPa 压强下测量的 CD 处理的 H1299 与 -5 kPa 压强下测量的 H1299 的 μ_c 与 R_c 的散点图。(e)～(h)各组对应 μ_c 的分布;(i)～(k)H1299 与 A549、H1299 与药物处理的 H1299、-5 kPa 与 -10 kPa 下测量 H1299 的 μ_c 的人工神经网络区分结果

4.6　本章小结

本章介绍了基于连续式微吸管的肿瘤单细胞力学特性检测方法[95],利用连续式微吸管(压缩通道的前身)对肿瘤细胞的细胞质黏度进行了连续性检测,论证了适用于肿瘤细胞进入微吸管的力学模型,获得了数千个细胞的细胞质黏度四分位数据为 16.7 Pa·s、42.1 Pa·s、110.3 Pa·s(H1299 细胞,$n_{cell}=652$);144.8 Pa·s、489.8 Pa·s、1 390.7 Pa·s(A549 细胞,$n_{cell}=785$),7.1 Pa·s、13.7 Pa·s、31.5 Pa·s(CD 处理的 H1299 细胞,$n_{cell}=651$);基于细胞质黏度的区分度分别为 76.7%(H1299 vs. A549),67.0%(H1299 vs. CD 处理的 H1299)。

第 5 章

"一字形"压缩微流控通道用于细胞核力学特性检测

微吸管可以使细胞或细胞核发生显著形变,因而可以对细胞或细胞核的力学特性进行检测,但该方法操作过程烦琐;基于微流控技术的光拉伸、流体拉伸的方法,通过对流体的控制使细胞源源不断地流入检测区域,解决了微吸管操作烦琐的问题,检测通量高,但这些方法作用力小,难以使形变能力差的细胞核发生显著形变,因而无法用于细胞核力学特性检测;基于微流控技术的"一字形"压缩通道源于微吸管,可以使细胞核发生显著形变,可以对细胞核进行高通量力学特性检测。

本章介绍了基于"一字形"压缩通道的细胞核力学特性高通量检测方法,采用的截面渐小的压缩通道解决了尺寸分布广且高硬度的细胞核的高通量检测问题,获得了数百个细胞核的形变量参数,区分了不同种类的细胞核。

5.1 原理与方法

在绝大多数真核细胞内存在着细胞核纤维层,它不仅为细胞核提供了机械支撑[96,97],同时参与细胞的诸多生命活动[98-101],已有文献介绍了细胞核力学特性与细胞生理与病理的联系[16,17,100,102]。因此,对细胞核力学特性的研究以及对细胞生理学与病理研究等方面的研究都具有重要的意义。

由于细胞核硬度高、形变能力差[16,17,103-106],对细胞核力学特性检测中需要施加足够的大的作用力才可以使其发生形变,进而才可以通过其形变测量其力学特性。细胞核力学特性的常规检测方法有原子力显微镜法[107-110]与微吸管法[107,111,112],这些方法可以给细胞核施加足够大的作用力,然而这两种方法都有着检测通量低的缺陷,如使用原子力显微镜法测量的细胞核数目在 10 个左右[107-110],使用微吸管法测量的细胞核数目在 15～20 个[107,111,112]。在连续式微吸管中,细胞(或细胞核)在压力作用下连续进入微吸管口部,相比于常规微吸管而言检测通量更高。然而,由于待测细胞直接暴露于空气中会引起溶液的快速蒸发,进而可能引起待测细胞(或细胞核)的力学特性变化,在实验操作中采用定期添加溶液或将微吸管移向新的溶液区域来避免这一问题。然而,无论是添加新的溶液还是移动微吸管的位置,都需要重新对图像采集区域与图像焦距进行调整。以上这些烦琐的操作都限制了微吸管实际的检测通量,使得该技术难以被广泛地应用。

基于微流控的单细胞力学特性检测方法常见的有流体挤压法、光拉伸法,微流控芯片避免了溶液的快速蒸发,通过控制芯片内微小流体的流动可以使细胞源源不断地流入作为检测核心的压缩通道内,这些方法虽可以高通量地检测单细胞的力学特性,但由于其作用力小,很难使细胞核发生显著形变,因而难以用于细胞核力学特性检测。

基于微流控技术的压缩通道的原型为微吸管,除具备微吸管可以使细胞核发生显著形变的功能外,还具有高通量的特点。因此本章介绍了以压缩通道为检测核心的细胞核力学特性高通量检测方法,通过获得细胞通过压缩通道的穿行时间来表征其形变能力。相比于细胞而言,细胞核硬度高、形变能力差[16,17,103−106],加之细胞核的尺寸分布广(直径为 $5\sim15\ \mu m$[17]),这使得在应用压缩通道对细胞核进行检测时极容易发生穿行不通畅、甚至阻塞的问题,所以,要实现对细胞核力学特性的高通量检测,首先需要对压缩通道的结构与尺寸进行设计。细胞核力学特性检测原理图如图 5.1 所示。

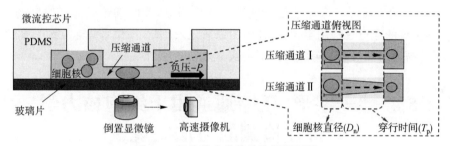

图 5.1　细胞核力学特性检测原理图

5.2　压缩通道关键尺寸

目前使用广泛的压缩通道结构为"一字形",横截面积恒定,本章首先采用这种常见的结构,作为压缩通道 I。另外,考虑到细胞核硬度高、形变能力差,且不同种细胞间可能存在较大的尺寸差异,本章还设计了一种截面渐窄的压缩通道,作为压缩通道 II,该通道具有比绝大多数细胞核都大的入口横截面积,从而保证细胞核能够顺利进入,出口处具有比最小的细胞核还小的横截面积,从而使压缩通道对细胞有效压缩,从而保证测量灵敏度。

在压缩通道 I 的设计中,考虑到较小的横截面积才可以对所有细胞核产生挤压作用,细胞核的直径在 $5\sim15\ \mu m$[17],于是将压缩通道 I 的横截面积设计为 $4\ \mu m\times4\ \mu m$(宽×高)。压缩通道需要具有足够的长度,从而使细胞核的力学特性差异可以通过穿行时间表现出来,但过长的压缩通道会影响检测通量。本章将压缩通道 I 长度的设计为 $100\ \mu m$。

在压缩通道 II 的设计中,为了保证细胞核能够顺利进入压缩通道,考虑到细胞核的直径在 $5\sim15\ \mu m$,本书将压缩通道 II 入口处的尺寸设计为 $12\ \mu m\times4.5\ \mu m$(宽×高);为了保证压缩通道对细胞核具有明显的压缩作用,本书压缩通道(II)出口处的尺寸设计为 $5\ \mu m\times4.5\ \mu m$(宽×高)。压缩通道 II 长度同样为 $100\ \mu m$。

5.3　实验关键参数

在实验过程中,细胞核被压力源驱动以一定速度通过压缩通道,利用连接在倒置显微镜上的高速摄像机来记录细胞核的图像数据,由图像得到细胞核在压缩通道中的穿行时间来表征细胞核的形变能力,以此作为细胞核的力学特性参数。在此过程中,压力的选取既要保证细胞核尽可能快速地通过压缩通道以保证测量通量,又要保证细胞核穿行的完整过程能够被高速摄像机捕捉到。需要说明的是,截面积恒定的压缩通道Ⅰ由于对细胞核具有更强的阻碍作用则需要使用大的驱动压强,而截面积逐渐变小的压缩通道Ⅱ由于更容易使细胞核顺利通过则需要相对较小的驱动力。在实际的实验过程中,在压缩通道Ⅰ上使用压强−3 kPa,在压缩通道Ⅱ上使用的压强为−1.5 kPa。

视频采集帧率需要根据细胞在压缩通道中的穿行时间决定。结合以往的实验经验[113,114],千帕级的压强可以保证几百个细胞数的检测量,此时细胞的通过时间约为亚秒量级,若每个细胞核的穿行过程用至少 10 帧的图像来记录,那么图像采集速度约为每秒上百帧。实验中采用的高速摄像机(CCD)的视频采集帧率为 400 帧/秒。

5.4　"一字形"压缩通道用于细胞核力学特性检测的方法实现

5.4.1　方法概述

图 5.1 为细胞核力学特性检测的原理图。细胞核准备完成之后,将细胞核加入到微流控芯片当中,之后细胞核在负压的作用下连续地通过压缩通道,连接有倒置显微镜的高速摄像机用于记录细胞核通过压缩通道时的图像数据,经过图像数据的处理过程,得到细胞在两种形貌的压缩通道内的穿行时间 T_p,作为细胞形变能力参数来表征细胞核的力学特性。

5.4.2　材料与设备

除非特别说明,所有的细胞处理相关试剂均购置于 Life Technologies Corporation(美国),包括细胞培养液(RPMI-1640)、胎牛血清(Fetal Bovine Serum),青霉素-链霉素双抗(Penicillin-Streptomycin),0.25％胰蛋白酶(Trypsin),磷酸盐缓冲液(Phosphate Buffer Saline)。细胞核分离试剂盒购置于 Sigma Aldrich Corporation(美国),内含有等渗透离子缓冲液(Isotonic Buffer)、1,4-二硫代苏糖醇(DL-Dithiothreitol)、蛋白酶抑制剂(Protease Inhibitor Cocktail)和非离子型表面活性剂辛基苯基-聚乙烯二醇 IGEPAL®CA630。细胞系购置于国家实验细胞共享资源平台。

微流控芯片制备材料有 SU-8 光刻胶(MicroChem Corporation,美国)、AZ 系列光刻胶(MicroChemicals,德国)、184 硅橡胶 PDMS(Dow Corning Corporation,美国)。

压力控制器 Pace 5000(GE Druck,美国)用于驱动细胞核进入压缩通道,高速摄像机

Phantom-M320S(Vision Research Incorporated,美国)、倒置显微镜 IX83(Olympus,日本)用于记录细胞核在压缩通道内的穿行过程。

5.4.3 微流控芯片工艺实现

在微流控芯片制备阶段,使用 PDMS 构建内置压缩通道的微流控芯片,压缩通道高度为 $4~\mu m$,以实现对细胞核的显著压缩作用。使用 SU-8 光刻胶构建双层结构,在第一层构建压缩通道,压缩通道高度为 $4~\mu m$;在第二层构建入口通道,高度为 $25~\mu m$。在具体制作过程中,首先利用 SU-8 光刻胶制作双层结构模具:①在洁净的玻璃片上旋涂厚度为 $4~\mu m$ 的 SU 8-5 光刻胶,转速 2 700 rmp,旋转 35 s;②前烘,先在 65 ℃条件下烘 2 min,紧接着在 95 ℃条件下烘 5 min;③进行第一次对准曝光,曝光时间 6 s;④后烘,先在 65 ℃烘 1 min,紧接着在 95 ℃条件下烘 1 min;⑤在第一层 SU 8-5 光刻胶上旋涂第二层厚度为 $25~\mu m$ 的 SU 8-25 光刻胶,转速 2 500 rmp,旋转 35 s;⑥前烘,先在 65 ℃条件下烘 3 min,紧接着在 95 ℃条件下烘 7 min;⑦进行第二次对准曝光,曝光时间 9 s;⑧后烘,先在 65 ℃条件下烘 1 min,紧接着在 95 ℃条件下烘 2 min;⑨显影,时间约 90 s;⑩坚膜,175 ℃条件下坚膜 2 h。至此可以得到具有 SU-8 光刻胶双层结构的模具。之后使用 184 硅橡胶浇筑,将 PDMS 前体与固化剂以 10:1(质量比)混合,充分搅拌后放入模具,在 80 ℃条件下固化 4 h 后,将 PDMS 弹性体从模具中剥离,打孔后备用。

将 PDMS 弹性体与玻璃片进行等离子体处理,经过对准键合后就得到了内有"一字形"压缩通道的微流控芯片。

5.4.4 细胞处理

为了保证对于细胞核力学特性检测的准确性,首先要做的是将细胞核从细胞中分离出来。这里对现有的分离方法进行了比较,目的在于选择出了一种细胞核完整度高且提取效率高的方法。

细胞核常见的分离方法有两种:一种是基于机械力的方法,另一种方法是化学分离法[115]。细胞核提取流程如图 5.2 所示。

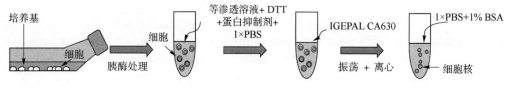

图 5.2 细胞核提取流程

基于机械力的方法有微吸管吸取法[112,116]与研磨法(Dounce homogenizer)[106,117],基于机械力的方法通常先使用机械力来破坏细胞膜结构,再经过分离和纯化过程来获取细胞核。然而,基于微吸管吸取法的分离效率低,而基于组织研磨的方法容易破坏细胞核结构,细胞核难以被完整地提取,进而可能对细胞核的力学特性造成影响。

化学分离法使用非离子洗涤剂来破坏蛋白-磷脂、磷脂-磷脂之间的化学键但不引起蛋白质变性,从而达到破坏细胞膜的效果但不破坏蛋白的效果,在经过分离与纯化过程最终可获得完整的细胞核。常使用的化学试剂有 Triton X-100[118,119]、NP-40[120,121],或者 IGEPAL®

CA-630[104,122,123]。由于化学分离法选择性地作用于特定化学键,这种方法相对于研磨法对细胞核损伤更小,相对于微吸管法提取效率更高。

基于以上对于细胞核完整度、细胞核提取效率的考虑,本章采用化学分离法来得到细胞核,选用一种应用广泛的非离子洗涤剂(IGEPAL CA-630)来分离细胞核。

细胞核种类的差异会导致细胞核提取效果的差异,在试剂的实验操作中需要针对不同种类的细胞对试剂浓度参数进行具体的调整。若细胞分离剂浓度过高,细胞核的核纤层会发生损坏而出现成团的现象,若细胞分离剂浓度过低则无法将细胞膜完全去除。有成团现象可以判断分离剂的浓度是否过低,而通过显微镜下观察可以确认细胞膜是否完全去除。在提取过程中,针对不同种类的细胞微调了试剂 IGEPAL CA-630 的浓度。图 5.3 (a)所示为分离得到的 SW620 细胞核在 IGEPAL CA-630 最佳浓度为 0.05% 时的分离情况,得到的细胞核直径为 $8.1\pm1.0\ \mu m(n_n=370)$,图 5.3 (c)所示为 IGEPAL CA-630 浓度增加后(0.1%)的 SW620 细胞核的分离结果,从图中可以看出细胞膜因受损而发生成团现象。图 5.3 (b)所示为分离得到的 A549 细胞核在 IGEPAL CA-630 最佳浓度为 0.07% 时的分离情况,得到的细胞核直径为 $10.7\pm1.3\ \mu m(n_n=205)$,图 5.3(c)所示为 IGEPAL CA-630 浓度增加后(0.1%)A549 细胞核的分离结果,从图中可以看出细胞膜因受损严重而发生成团现象。最终确定的用于 A549 与 SW620 细胞核分离的 IGEPAL CA-630 浓度分别为 0.07% 与 0.05%。

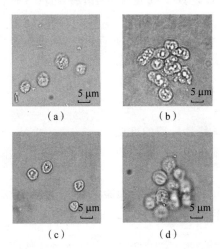

图 5.3　不同浓度的 IGEPAL® CA-630 分离细胞核的效果

(a)适宜浓度条件下分离的 SW620 细胞核;(b) 适宜浓度条件下分离的 A549 细胞核;(c)高浓度条件下分离的核膜损坏的 SW630 细胞核;(d)高浓度条件下分离的核膜损坏的 A549 细胞核

A549 细胞系培养在 RPMI 培养基当中,SW620 培养在 L-15 培养基当中,两种细胞都在 37 ℃、5% 的 CO_2 浓度、10%(体积比)的胎牛血清、100 单位/毫升的青霉素、100 $\mu g/mL$ 的链霉素的环境中培养。

细胞核提取过程如下:用胰蛋白酶对培养瓶中的细胞系进行消化,之后将细胞重悬在含有 1 mL 的二流苏糖醇(Dithiothreitol,DTT)和蛋白抑制剂的 1×PBS 等渗透溶液当中形成细胞核悬液,加入上述试剂的原因在于为了保证 DNA 与蛋白的完整性从而使细胞核维持其原有的力学特性,将细胞核悬液经过冰上孵育 10 min 后,再向细胞悬液中加入 IGEPAL CA630。实际操作中针对不同种类的细胞对试剂 IGEPAL CA630 加入量进行了调整,最终优化后的参数是向 A549 细胞加入 0.07% 的 IGEPAL CA630、向 SW620 细胞加入 0.05% 的 IGEPAL CA630。之后将细胞悬液进行 10 s 的涡旋振荡器处理,再在 $400 \times g$(产生的离心加速度是重力加速度 g 的 3 000 倍)条件下离心 5 min,吸除去上清液后,将待测细胞核重悬在含 1% 的 BSA 的 $1 \times$ PBS 当中,形成浓度为 10^6 个/毫升的细胞核悬浮液。至此得到了待测的细胞核悬浮液。

5.4.5 测量细胞核力学特性检测与数据处理

在通入细胞核之前,先使用含 1%BSA 的 $1 \times$ PBS 溶液灌注微流控芯片,目的是将芯片内的所有气体排出,避免后续实验操作过程中产生气泡而影响实验结果。将浓度为 10^6 个/毫升的细胞核悬浮液加入到微流控芯片的细胞入口处,在压力控制器产生的负压作用下,细胞核被连续地吸引进入两种不同形貌的压缩通道内。

在实际的实验过程中,压缩通道 I 上使用 -3 kPa 的压强,在压缩通道 II 上使用 -1.5 kPa 的压强。细胞通过压缩通道的过程中,倒置显微镜连接高速摄像机,用于记录细胞核通过压缩通道的运动过程,高速摄像机(CCD)的视频采集帧率为 400 帧/秒。

经过图像处理与分析过程得到细胞核的直径(D_n)与细胞核通过压缩通道的时间(T_p)。细胞核的直径(D_n)与细胞核通过压缩通道的时间(T_p)以平均值±标准差的形式呈现。

在本书中还采用了一个三层的人工神经网络模型(MATLAB R2016a,mathwork),将该模型结合本实验中得到的参数来进行细胞核种类区分。具体地,将细胞核的直径(D_n)与细胞核通过压缩通道的时间(T_p)分别或一起作为人工神经网络的输入数据输送到模型中去,之后,该模型将输入数据的 70% 作为训练集,从而得到用于细胞分类的人工神经网络,再将输入数据的另外 30% 作为测试集,根据两个集的分类成功率综合后,得到该网络的分类成功率,这里将得到的分类成功率作为两种细胞的区分度,得到的细胞区分度可以说明细胞核力学特性测量方法在细胞区分领域的有效性。

5.5 结果与分析

图 5.4(a)记录到了 SW620 细胞核的出现、进入、穿行与离开过程。然而,在使用压缩通道 I 对 A549 测量的实验中,使用大的压强也无法使 A459 细胞核成功穿过压缩通道,相当多的 A549 细胞核一直卡在压缩通道 I 内部,其原因是 A549 细胞核具有较大的尺寸且 A549 细胞核具有较高的硬度。前文的设计部分提到,考虑到待测细胞核可能具有更广的尺寸分布或较高的硬度,本书中设计了压缩通道 II,其横截面积逐渐面变小。在使用压缩通道 II 对两种细胞核的力学特性测量中使用的压强为 -1.5 kPa,图 5.4(b)与(c)分别所示了分离得到的 SW620 和 A549 细胞核在压缩通道 II 中的图片,图中可以清晰地分辨出细胞核的出现、进入、穿行与离开过程。根据上述结果可以看出,相比于压缩通道 I 而言,压缩通道 II 的适用范围更广,具有更好的尺寸兼容性,对于细胞核尺寸分布范围广、硬度高的细胞核(如 A549 细胞核)更加适用。另外,压缩通道 II 出口处的缩口设计也保证了其对于细胞核力学特性测量的敏感度。

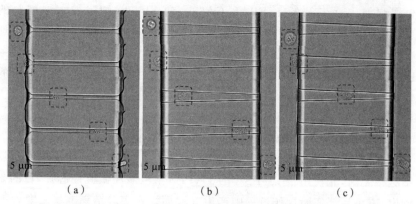

图 5.4　SW620 与 A549 细胞系的细胞核在压缩通道中穿行显微镜图片

(a)SW620 细胞核在压缩通道 Ⅰ 中穿行；(b)SW620 细胞核在压缩通道 Ⅱ 中穿行；(c) A549 细胞核在压缩通道 Ⅱ 中穿行

经过图像处理后可以得到 SW620 细胞核在压缩通道 Ⅰ、SW620 与 A549 细胞核在压缩通道 Ⅱ 中的穿行时间 T_p 与细胞核直径 D_n，如图 5.5 (a)为 T_p 与 D_n 的散点图。统计结果显示，SW620 细胞核在压缩通道 Ⅰ 中的穿行时间为 0.5 ± 1.2 s($n_n=153$)，在压缩通道 Ⅱ 中的穿行时间为 0.045 ± 0.047 s($n_n=215$)，A549 细胞核在压缩通道 Ⅱ 中的穿行时间为 0.50 ± 0.86 s($n_n=205$)。从穿行时间 T_p 的统计结果可以看出，标准差与均值的比值较大，这说明每种细胞的单个细胞之间存在穿行时间上的显著的差异。为了更进一步说明这个问题，本章还呈现了分布图，如图 5.5(b)所示，从图中还可以看出，SW620 细胞核在压缩通道 Ⅰ 中的 T_p 集中在 $0.05\sim0.1$ 区间，在压缩通道 Ⅱ 中的 T_p 集中在 $0.02\sim0.05$ 区间，A549 细胞核在压缩通道 Ⅱ 中的 T_p 集中在 $0.2\sim0.5$ s 区间。另外，从 T_p 与细胞核直径 D_n 的散点图以及分布图中可以发现，SW620 细胞核的相比于 A549 的细胞核具有更短的穿行时间 T_p。

在本章中，基于人工神经网络的模式识别方法用于得到两种细胞的区分度。将使用压缩通道 Ⅱ 测量得到的 SW620 与 A549 两种细胞核的数据参数作为输入后，可以成功训练出一个人工神经网络将两种细胞区分开来，也就是说，本章提出的压缩通道 Ⅱ 可以有效地区分两种细胞种类，结果如图 5.5(c)所示。具体来说，只将细胞核直径 D_n 作为输入、只将穿行时间 T_p 作为输入以及 D_n 与 T_p 一起作为输入的区分度分别是 87.2%、85.5% 以及 89.3%。另外，D_n 与 T_p 的一起区分度为 89.3%，而 T_p 单独的区分度为 85.5%，即 D_n 与 T_p 一起相比于 T_p 单独作为输入的区分度更高，说明本书中提出的单细胞力学特性表征方法能够将细胞种类进行有效区分。

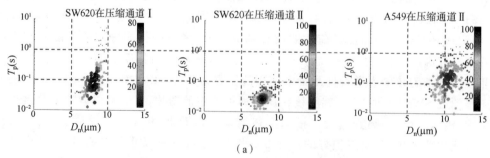

(a)

图 5.5　SW620 与 A549 细胞系的细胞核的检测结果

(a)SW620 细胞核在压缩通道 Ⅰ 中、SW620 细胞核在压缩通道 Ⅱ、A549 细胞核在压缩通道 Ⅱ 中 D_n 与 T_p 散点图；

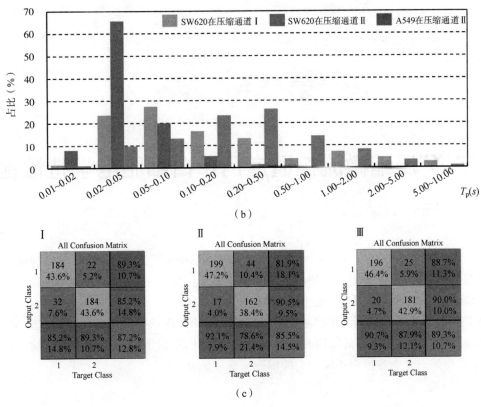

图 5.5　SW620 与 A549 细胞系的细胞核的检测结果(续图)

(b)各组测量的 T_p 分布图;(c)D_n(Ⅰ)、T_p(Ⅱ)与 $D_n + T_p$(Ⅲ)分别作为输入的人工神经网络区分度

5.6　本章小结

本章介绍了基于"一字形"压缩通道的细胞核力学特性高通量检测方法[124],采用了截面渐小的压缩通道实现了尺寸分布广、硬度高的细胞核的高通量检测,获得了数百个细胞核在压缩通道内的穿行时间数据:0.045±0.047 s(SW620 细胞,$n_n = 215$),0.50±0.86 s(A549 细胞,$n_n = 205$);基于穿行时间的区分度为 85.5%(SW620 vs. A549)。

第 **6** 章

"一字形"压缩微流控通道用于白细胞电学特性检测

基于压缩通道的方法可以实现肿瘤单细胞固有电学特性的高通量检测,但目前尚未应用于白细胞电学特性检测,大量的白细胞电学数据结果未见报道,这造成了血液中的稀有白细胞(如 CTC)的数据无法与正常白细胞数据比较。

本章介绍了基于"一字形"压缩通道的白细胞电学特性高通量检测方法,并介绍了适用于白细胞电学检测的压缩通道的结构参数与电学采集参数,获得了上千个白细胞的细胞膜电容数据,使用得到的电学参数对不同种类的细胞实现了区分。

6.1　原理与方法

单细胞的细胞膜比电容 C_{spec}(单位面积的细胞膜电容值)可以作为细胞种类区分的免标记指标[11],已有文献介绍了细胞膜比电容 C_{spec} 与白细胞的生理与病理状态存在着密切的联系[125−129]。

已有的单细胞电学特性常规检测方法有膜片钳法[59]、电旋转法[128,130]与介电泳法[131]。使用膜片钳法对大鼠的神经元细胞的三种亚型进行检测,每种亚型获得数十个细胞的检测结果,得到其细胞膜比电容 C_{spec} 值约为 $1\ \mu F/cm^{2}$[132]。基于电旋转法获得了数十个 T 淋巴细胞、B 淋巴细胞与粒细胞的细胞膜比电容 C_{spec} 值分别为 $1.05\pm0.31\ \mu F/cm^{2}$,$1.26\pm0.35\ \mu F/cm^{2}$,$1.53\pm0.43\ \mu F/cm^{2}$ 与 $1.10\pm0.32\ \mu F/cm^{2}$[128]。这两种方法检测通量低,每种样本仅获得了数十个细胞的细胞膜比电容值,尚无法实现对于更大样本量的检测。基于介电泳法获得了数十个 T 淋巴细胞、B 淋巴细胞、单核细胞、中性粒细胞、嗜酸性粒细胞与嗜碱性粒细胞的细胞膜比电容 C_{spec} 值,检测结果分别为 $1.33\pm0.18\ \mu F/cm^{2}$、$0.99\pm0.08\ \mu F/cm^{2}$、$1.42\pm0.08\ \mu F/cm^{2}$、$0.98\pm0.01\ \mu F/cm^{2}$、$0.94\pm0.04\ \mu F/cm^{2}$、$1.12\pm0.12\ \mu F/cm^{2}$[131]。然而,这种方法只能提供多个细胞的电学平均结果,不能真正反映单个细胞的电学特性。

本章使用"一字形"压缩通道对白细胞电学进行检测,由于白细胞具有更小的尺寸,这就需要压缩通道具有小的横截面积,更小的细胞尺寸与更小的横截面积会带来细胞引起的阻抗变化率下降,从而导致电学检测的灵敏度降低。为了保证电学检测的灵敏度,需要对压缩通道的结构参数与电学检测参数进行设计。

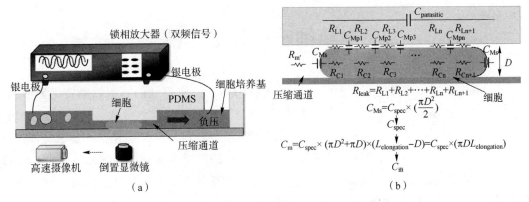

图 6.1　白细胞细胞膜电学特性检测方法原理图

(a)微流控芯片结构与操作；(b)等效电学模型

6.2　压缩通道关键尺寸

图 6.1(a)为白细胞细胞膜电学特性检测方法原理图。在检测中，压缩通道两端的电极用于检测阻抗信号。细胞在负压的作用下进入微流控芯片中的压缩通道，由于压缩通道的挤压作用造成细胞对压缩通道进行填充，从而引起了阻抗的变化。

白细胞的尺寸(直径约为 $10\ \mu m$)[43]相比于肿瘤细胞(直径约为 $15\ \mu m$)[133]更小，小尺寸细胞的检测需要压缩通道具有小的横截面积。在对横截面积的设计中，为保证电学检测量灵敏度需要横截面积适当加大，从而使压缩通道的阻抗降低；要实现电学检测又要使压缩通道的横截面积适当减小，从而使细胞得以填充压缩通道进而引起较为显著的阻抗变化。通常采用的压缩通道横截面积为待测细胞直径的 $1/3\sim2/3$，以使细胞被充分压缩且细胞膜不发生损坏。由于白细胞相比于肿瘤细胞具有更好的形变能力[43]，压缩通道的横截面积可以适当减小，再结合工艺可行性最终将压缩通道的横截面积设计为 $4\ \mu m \times 4\ \mu m$。

过窄的压缩通道会导致细胞出现前较高的阻抗值，从而导致细胞出现时阻抗变化不明显，造成电学检测灵敏度降低。本章采用适当减小压缩通道的长度来解决这一问题，压缩通道的适当减小有利于通道阻抗的减小，从而增加细胞引起的阻抗变化率，进而增加电学检测的灵敏度。为了保证细胞在压缩通道可以完全进入压缩通道，从而使实际电路情况与电学模型相符，压缩通道的长度需要明显大于细胞的拉伸长度。对于一个直径为 D_{cell} 的细胞而言，细胞进入压缩通道前后体积守恒，其在宽为 W、长为 H 的主通道中的拉伸长度 L_{el} 可以由式(6.1)确定：

$$\frac{4}{3}\pi\left(\frac{D_{cell}}{2}\right)^3 = WH \cdot L_{el} \tag{6.1}$$

由式(6.1)可以得到直径分别为 $8\ \mu m$、$10\ \mu m$ 的淋巴细胞和粒细胞在横截面为 $4\ \mu m \times 4\ \mu m$ 的压缩通道内的拉伸长度分别为 $20\ \mu m$ 和 $33\ \mu m$。高速摄像机用于记录细胞在压缩通道内的长度，考虑到压缩通道过短可能导致高速摄像机难以捕捉，压缩通道的长度需要显著大于细胞的拉伸长度，通常将其长度设置为细胞拉伸长度的 $2\sim5$ 倍。因此，本章的压缩通道长度最终设置为 $100\ \mu m$。

6.3 单细胞等效电学模型

采用一个已有的等效电学模型[113]，如图 6.1（b）所示。将得到的原始数据转化为细胞膜比电容 C_{spec} 与细胞膜比电容 C_m。在模型中，压缩通道中的细胞被划分为 $n+1$ 个部分，细胞膜比电容划分为 C_{Ms}、C_{Mp1}、$\cdots$、C_{Mpn} 和 C_{Ms}，细胞质电阻 R_{cy} 划分为 R_{C1}、R_{C2}、$\cdots$、R_{Cn+1}，漏电阻划分为 R_{L1}、R_{L2}、$\cdots$、R_{Ln+1}，其中漏电阻 R_{leak} 用于表征细胞对压缩通道的填充情况，由 R_{leak} 的值可以知道细胞膜没有发生破损。R_{leak} 得到后，结合电学模型，细胞膜比电容 C_{spec} 可结合高频信号的幅值与相位求得，再结合细胞拉伸长度 L_{el} 与压缩通道的几何尺寸，可得到细胞的膜电容 C_m。

锁相放大器用以采集细胞在压缩通道中的双频阻抗信号，双频信号由一个低频信号与一个高频信号叠加而成，通过对双频阻抗信号阻抗数据进行处理，得到每个细胞的低频下的阻抗值、高频下的阻抗值与相位值，通过图像处理过程得到细胞在压缩通道内的拉伸长度，以上数据都作为电学计算的原始数据。对于一个正在压缩通道内穿行的细胞，低频的电信号无法穿透细胞膜，电流需要在细胞与通道之间的缝隙里穿行，所以低频的阻抗值能够反映细胞对压缩通道的填充情况。高频的电信号能过穿过细胞膜，这时，阻抗的变化量由细胞膜电容与细胞质电阻的串联效果决定。

6.4 实验关键参数

已知待测的细胞阻抗在兆欧量级[134,135]，如此大的阻抗值对于电学采集设备的抗噪能力与灵敏度都提出了很高的要求。由于锁相放大器具有抗干扰能力强且对小信号敏感的特点，实验过程中采用锁相放大器作为阻抗采集设备。

电学检测中为保证细胞不损伤，采用了 0.5 V 的双频电压信号。双频信号由低频信号与高频信号叠加形成。由于低频信号无法穿过细胞膜，所以采用低频信号来获得细胞对压缩通道的填充情况（即细胞漏电阻 R_{leak}），该信号由函数发生器产生。在低频信号的选择中，考虑到直流信号抗噪能力差，采用频率较低的 1 kHz 交流信号来实现低频的测量功能。

由于高频信号可以穿过细胞膜，高频信号用于得到细胞的膜比电容值 C_{spec}。在高频信号选择中，由于电路中采集到的输入电压 U_i 是 Z_d 与 $R_i//C_i//C_{p2}$ 分压的结果，其中 $R_i//C_i$ 为锁相放大器的输入阻抗，数值为 10 MΩ//25 pF，C_{p2}、C_{p2} 分别为输入、输出导线的电容值，数值为 100 pF。已知细胞膜比电容数值在 1 $\mu F/cm^2$ 量级，细胞培养基的电导率约为 1 S/m 量级，结合压缩通道的尺寸可以得到细胞膜电容数值在 0.1 pF 量级，细胞未出现时的压缩通道自身阻抗为 1 MΩ。为保证对细胞膜电容的高灵敏度测量，测量频率的选择需要使细胞出现在压缩通道中的阻抗有较为明显的上升。高频信号频率为 50 kHz 时，细胞在自身阻抗为 1 MΩ 的压缩通道内将引起 1 MΩ 的阻抗上升，若频率升高，则细胞出现阻抗上升幅度减小，若频率下降，则细胞出现时阻抗增高过多，与细胞并联的电容、漏电阻等可能会将细胞短路。因此将高频信号确定为 50 kHz。

6.5 "一字形"压缩通道用于白细胞电学
特性检测方法实现

6.5.1 方法概述

经过细胞处理过程得到纯化的粒细胞与淋巴细胞,经过器件制作过程得到用于检测的含有压缩通道的微流控芯片,之后将纯化的粒细胞与淋巴细胞加入到微流控芯片中进行器件操作,利用双频信号(1 kHz+50 kHz)对细胞通过压缩通道使得阻抗数据进行记录、利用高速摄像机对细胞在压缩通道内的拉伸长度进行记录,经过数据处理过程得到用于细胞电学特性计算的原始数据,即低频幅值 $A_{1\,kHz}$、高频幅值 $A_{50\,kHz}$、高频相位 $P_{50\,kHz}$ 与细胞拉伸长度 L_{el};将得到的原始数据结合一个等效电学模型最终得到细胞膜电容 C_m 与细胞膜比电容 C_{spec}。最后采用人工神经网络分析对得到的结果进行区分。

6.5.2 材料与设备

除非特别说明,所有的细胞处理相关试剂均购置于 Life Technologies Corporation(美国),包括细胞培养液(RPMI-1640)、胎牛血清(Fetal Bovine Serum),青霉素-链霉素双抗(Penicillin-Streptomycin)、磷酸盐缓冲液(Phosphate Buffer Saline)。刘氏染剂(Liu Stain)购置于 Solarbio(中国)。用于白细胞分离的 Percoll 购置于 GE Healthcare(美国)。细胞系购置于国家实验细胞共享资源平台。

微流控芯片制备材料有 SU-8 光刻胶(MicroChem Corporation,美国)、AZ 系列光刻胶(MicroChemicals,德国)、184 硅橡胶 PDMS(Dow Corning Corporation,美国)。

压力控制器 Pace 5000(GE Druck,美国)用于驱动细胞核进入压缩通道,锁相放大器 7270 DSP(AMETEK,美国)用于电学信号发生与采集,高速摄像机 phantom-M320S(Vision Research Incorporated,美国)、倒置显微镜 IX83(Olympus,日本)用于记录细胞核在压缩通道内的穿行过程。

6.5.3 细胞处理

本章的目的在于检测白细胞的电学特性。健康人外周血当中的白细胞可以分为三类,它们分别是粒细胞、淋巴细胞与单核细胞,其中,粒细胞在全血中所有白细胞中比例为 64.7%,淋巴细胞在全血中所有白细胞中比例为 30.0%[136],也就是说,粒细胞与淋巴细胞在血液中占绝大多数,考虑到单核细胞数目少,相对难以获取,所以本书只对人体主要白细胞——粒细胞与淋巴细胞进行单细胞电学特性检测。

测量对象选定之后,需要对测量对象中的粒细胞的分离方法进行选择,常见的白细胞分离法主要有红细胞裂解法[137-139]、免疫磁珠法[140]、层析法[141],在确认采用的粒细胞分离方法时,对以上三种方法进行了比较。

在红细胞裂解法当中,通过使红细胞裂解来获取白细胞。由于红细胞与白细胞具有不同的渗透压,当两种细胞同时置于红细胞裂解液当中时,红细胞会由于过多的液体渗透而发生破裂,而白细胞内渗透进入的液体不足以使白细胞破裂,从而可以保持完整,经过离心与清洗后可以去除破裂的红细胞碎片,从而获得不含红细胞的白细胞悬浮液。但考虑到裂解液在破坏红细胞的同时也会有溶液渗透进入白细胞,且该方法只能得到多种白细胞的混合细胞,无法得到某种特定种类的白细胞,本章没有采用这种分离方法来得到粒细胞。

在免疫磁珠法当中,抗体与磁珠结合后,再利用磁珠上的抗体去吸附白细胞从而将白细胞进行分离。该方法可以得到纯化的、某一种类的白细胞,但得到的白细胞已与磁珠结合,考虑到磁珠可能影响到细胞的特性,本章没有采用这种基于免疫磁珠的方法来分离粒细胞。

层析法中利用细胞的密度不同从而将不同种类的细胞进行分离。常使用 Percoll(胶体硅)层析液来配置连续的等渗透的密度梯度溶液,利用粒细胞与其余血细胞的密度差异,可以实现粒细胞的高纯度分离,且 Percoll 层析液具有无生物毒性、不进入细胞内的优点。

鉴于以上分析,本章采用 Percoll 溶液层析法对外周血中的粒细胞与淋巴细胞进行分离。分离中的核心参数为配置的 Percoll 溶液的密度,Percoll 溶液体积比不同则密度不同。在分离不同密度的细胞时,Percoll 的体积比 Vol% 可以由式(6.2)确定:

$$Vol\% = (\rho_c - 1.005)/(1.19 \times 10^3) \tag{6.2}$$

式中,Vol% 为 Percoll 原液占测试液体的体积比,ρ_c 为待测细胞密度(g/mL)。已知粒细胞的细胞密度范围在 $1.08 \sim 1.09$ g/mL,淋巴细胞的密度范围为 $1.052 \sim 1.077$ g/mL,单核细胞的密度为 $1.05 \sim 1.06$ g/mL,适宜分离粒细胞的 Percoll 溶液密度分别为 1.1 g/mL 和 1.077 g/mL,由式(6.2)可以计算得到对应的体积比分别为 78% 和 60%,将淋巴细胞分离出来的适宜 Percoll 溶液密度为 1.06 g/mL,由式(6.2)可以计算得到对应的体积比为 50%。

图 6.2 为 Percoll 层析法分离粒细胞与淋巴细胞的流程图,细胞分离过程如下:首先将 4 mL 的 78% 的 Percoll 溶液、4 mL 的 60% 的 Percoll 溶液和 4 mL 外周血依次加入到离心管中,接着在 $400 \times g$、4 ℃ 的条件下离心 30 min,之后观察到离心管内明显分层,从上至下依次是血清、淋巴细胞与单核细胞混合层、60% 胶体硅层、粒细胞层、78% 胶体硅层、红细胞层。接着,分离处的粒细胞重悬于培养基 RPMI-1640 当中形成浓度为 10^6 个/毫升的细胞悬浮液备用。淋巴细胞与单核细胞混合层重悬于 4 mL 培养基当中,之后离心管内依次加入到 4 mL 的 50% 的 Percoll 溶液、4 mL 的淋巴细胞与单核细胞混合悬浮液,接着在 $400 \times g$、4 ℃ 的条件下离心 30 min,之后观察到离心管内明显分层,从上至下依次是 RPMI-1640 细胞培养基层、单核细胞层、50% 胶体硅层和淋巴细胞层。分离处的淋巴细胞重悬于培养基 RPMI-1640 当中形成浓度为 10^6 个/毫升的细胞悬浮液备用。最后利用刘氏染剂对得到的粒细胞与淋巴细胞的纯度进行验证,如图 6.2 (b)、(c)所示。

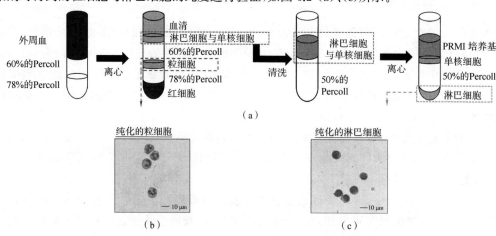

图 6.2 Percoll 层析法分离粒细胞与淋巴细胞流程图

6.5.4 白细胞电学特性检测与数据处理

在数据采集阶段,先使用培养基将微流控器件内的气体排出,避免后续实验过程中在通道中产生气泡影响细胞测量。之后在芯片入口处加入浓度为 10^6 个/毫升浓度的细胞悬液,细胞—1~5kPa 负压的作用下会连续地进入压缩通道,在压缩通道的两端有连接锁相放大器的银电极,用以获得细胞在压缩通道中的 1 kHz 和 50 kHz 两频率下的阻抗信号。通过连接有倒置显微镜的摄像机记录细胞通过压缩通道时的图像信息,如图 6.3 所示。

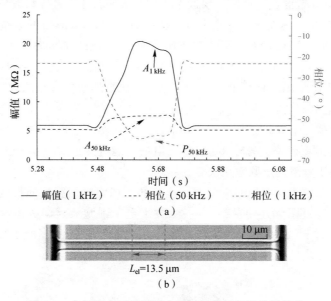

图 6.3 白细胞在压缩通道内的阻抗信号与显微镜图像

(a)双频阻抗信号用于得到 $A_{1\,kHz}$,$A_{50\,kHz}$,$P_{50\,kHz}$;(b)显微镜照片用于得到 $L_{elongation}$

锁相放大器用以获得细胞在压缩通道中的 1 kHz 与 50 kHz 的双频阻抗信号,通过对 1 kHz 与 50 kHz 的阻抗数据进行处理,得到每个细胞的 1 kHz 频率下的阻抗值 $A_{1\,kHz}$、50 kHz 频率下的阻抗值 $A_{50\,kHz}$ 和 50 kHz 频率下的相位值 $P_{50\,kHz}$,通过图像处理过程得到细胞在压缩通道内的拉伸长度 L_{el}。采用一个已有的等效电学模型[113] 将得到的原始数据 $A_{1\,kHz}$、$A_{50\,kHz}$、$P_{50\,kHz}$ 与 L_{el} 转化为细胞膜比电容 C_{spec} 与细胞膜电容 C_m。图像处理具体过程参考第 4 章的细胞质黏度测量与处理部分。

另外,在本书中还采用了一个三层(一个输入层、一个隐含层与一个输出层)的人工神经网络模型(MATLAB R2016a,mathwork),将该模型结合本实验中得到的参数来进行细胞种类区分。具体地,将 C_{spec} 与 C_m 分别作为人工神经网络的输入数据输送到模型中去,之后,该模型将输入的数据的 70% 作为训练集从而得到用于细胞分类的人工神经网络,再将输入数据的另外 30% 作为测试集,根据两个集的分类成功率综合得到该网络的分类成功率,即两种细胞的区分度,得到的细胞区分度可以说明白细胞的电学特性在细胞区分领域的有效性。此外,T-检验用于进一步论证不同种细胞的区分度,其中 $p < 0.001$(图 6.6 中以 * 表示)时认为有显著区分性。

6.6　结果与讨论

图 6.3(a)所示为一个正在压缩通道内穿行的白细胞的原始双频阻抗信号,图 6.3(b)所示为该细胞的显微镜下照片,由原始双频阻抗信号可以提取 1 kHz 信号的幅值 $A_{1\,kHz}$、50 kHz 信号的幅值 $A_{50\,kHz}$、50 kHz 信号的相位 $P_{50\,kHz}$ 与 L_{el} 作为细胞电学特性原始数据。从图中可以看出,细胞在通过压缩通道的过程中同时引起了 1 kHz 与 50 kHz 阻抗幅值与 50 kHz 相位的上升,而未引起 1 kHz 相位的变化。细胞未进入压缩通道的时,1 kHz 的阻抗相位接近 0°(图中未显示),说明此时的 1 kHz 阻抗主要决定于压缩通道,50 kHz 时的相位接近 −20°,说明此时 50 kHz 的阻抗决定于压缩通道与 PDMS 并联电容的共同效果,这使细胞未进入压缩通道时 50 kHz 的阻抗幅值比 1 kHz 的更低。对于一个正在压缩通道内穿行的细胞,1 kHz 的电信号无法穿透细胞膜,电流需要在细胞与通道之间的缝隙里穿行,所以 1 kHz 的阻抗值能够反映细胞对压缩通道的填充情况。细胞半径增加造成细胞在压缩通道内的拉伸长度 L_{el} 增加,从而造成 1 kHz 幅值上升更显著。另外,50 kHz 的电信号能过穿过细胞膜,这时,阻抗的变化量由细胞膜电容与细胞质电阻的串联效果决定。

图 6.4(a)、(b)分别为所有志愿者的粒细胞与淋巴细胞的细胞拉伸长度 L_{el} 与细胞漏电阻 R_{leak} 的散点图。L_{el} 通过图像处理得到,这一参数决定于细胞尺寸。具体地,粒细胞与淋巴细胞的 L_{el} 分别为 27.84±3.27 μm($n_{cell}=3\,327$)与 15.65±2.06 μm($n_{cell}=3\,302$),从结果中看出相比于粒细胞淋巴细胞的尺寸更小。

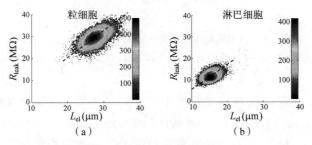

图 6.4　拉伸长度 L_{el} 与细胞漏电阻 R_{leak} 的散点图
(a)所有志愿者的粒细胞;(b)所有志愿者的淋巴细胞

在计算膜比电容值 C_{spec} 与膜电容值 C_m 时同时用到了集总式与分布式等效电学模型,如图 6.1(b)所示。具体来说,压缩通道中被拉伸的细胞被划分为 $n+1$ 个部分,其中 C_{Mp1}、…、C_{Mpn} 和代表了沿着压缩通道的等效细胞膜电容。当 $n=1$ 时,分布式模型变换为集中式模型。随着细胞化分数 n 的增加,细胞膜比电容的求解结果逐渐收敛,如图 6.5 为志愿者 ix 的粒细胞的阶数(n)为 1~11 时的求解结果。对于粒细胞而言($n_{cell}=356$),不同阶电学模型求解的 C_{spec} 值为 2.72±0.11 $\mu F/cm^2$($n=1$),5.17±0.30 $\mu F/cm^2$($n=3$),2.67±0.15 $\mu F/cm^2$($n=5$),2.12±0.15 $\mu F/cm^2$($n=7$),2.03±0.12 $\mu F/cm^2$($n=9$),2.00±0.11 $\mu F/cm^2$($n=11$),对于淋巴细胞($n_{cell}=361$),测得 C_{spec} 为 2.27±0.20 $\mu F/cm^2$($n=1$),2.93±0.26 $\mu F/cm^2$($n=3$),2.14±0.15 $\mu F/cm^2$($n=5$),2.11±0.15 $\mu F/cm^2$($n=7$),2.10±0.15 $\mu F/cm^2$($n=9$),2.09±0.15 $\mu F/cm^2$($n=11$)。

从图 6.5 中可以看出,随着阶数的升高,其最终结果趋向于收敛,由于分布式模型将沿压缩通道侧壁的细胞膜考虑在内,得到的测量值更小。相比于颗粒白细淋巴细胞的膜比电容随阶数增加下降幅度更小,这是因为淋巴细胞尺寸更小,在通道中受挤压程度更小,沿侧壁的膜电容对其测量结果影响更小。总之,分布式模型得到的细胞膜比电容的结果低于集总模型结果,粒细胞与淋巴细胞的结果分别为 2.00 ± 0.11 $\mu F/cm^2$ 与 2.09 ± 0.15 $\mu F/cm^2$($n=11$)、2.72 ± 0.11 $\mu F/cm^2$ 与 2.27 ± 0.20 $\mu F/cm^2$($n=1$)。这里需要说明的是,虽然白细胞的测量结果在 $n<11$ 阶时就收敛,为了便于与应用本模型测量的其他数据[142-144]一致,本章仍采用了 11 阶的计算结果作为最终的统计结果。

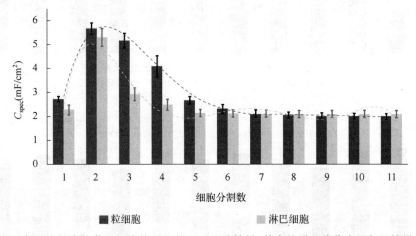

图 6.5 志愿者 ix 粒细胞与淋巴细胞的 C_{spec} 的 1~11 阶结果,其中的误差线代表了每组结果的标准差

如图 6.6 所示为 10 个志愿者的粒细胞和淋巴细胞的 11 阶膜比电容 C_{spec} 和膜电容 C_m 的测量结果柱状图,1~10 分别为 10 个志愿者的单人数据,其结果具有显著差异(在显著性 $p<0.001$ 情况下)。最终得到所有粒细胞的膜比电容 C_{spec} 的值为 1.95 ± 0.22 $\mu F/cm^2$($n_{cell}=3\ 327$),膜电容 C_m 的值为 6.81 ± 1.09 pF($n_{cell}=3\ 327$),所有淋巴细胞的膜比电容 C_{spec} 的值为 2.39 ± 0.39 $\mu F/cm^2$($n_{cell}=3\ 302$),膜电容 C_m 的值为 4.63 ± 0.57 pF($n_{cell}=3\ 302$)。相比于循环肿瘤细胞(肝癌、口腔癌和肺癌的 C_{spec} 分别为 1.98 ± 0.53、1.71 ± 0.47 和 1.61 ± 0.34 $\mu F/cm^2$)[145]而言,白细胞的 C_{spec} 测量结果数值更大。这里需要说明的是,以上循环肿瘤细胞的结果基于集总式模型得到,若以分布式模型进行计算 C_{spec} 的值将更小。本章得到的粒细胞的标准差与均值的比为 10%、淋巴细胞的标准差与均值的比为 20%,这与已介绍的肿瘤细胞结果一致,标准差与均值的比体现了同种细胞个体间细胞电学特性的差异。

相比于由电旋转法与介电泳法得到的白细胞 C_{spec} 结果(在 1~1.5 $\mu F/cm^2$ 范围内),基于微流控压缩通道得到的 C_{spec} 结果更高(约为 2 $\mu F/cm^2$),这可能由于白细胞膜上有很多褶皱,而电旋转与介电泳中将白细胞视为光滑球形,这使得参与计算的细胞膜的面积为实际细胞膜面积的一半[43,146]。故基于电旋转与介电泳得到的白细胞膜比电容的数值相对于真实值有较大的偏离。

本章的细胞膜比电容 C_{spec} 由模型中得到的两端的细胞膜电容 C_{Ms} 除以压缩通道的横截面积得到,如图 6.1(b)所示,C_{Ms} 为压缩通道中细胞的两端的弧形细胞膜电容,可由原始数据结合电学模型计算得到,压缩通道的横截面积近似为 $\pi D^2/2$,D 为压缩通道的等小半径。本章中白细胞在压缩通道内受到挤压作用,这使得白细胞表面的褶皱发生延展从而使其屈服于压缩通道的几何形状。这里需要说明,在细胞进入压缩通道的过程中,1 kHz 的信号用于得到 R_{leak},由 R_{leak} 的值可以知道细胞膜没有发生破损。细胞进入压缩通道的形变过程使得白细胞膜表面的褶皱得以延展,所以本章中测量 C_{spec} 时用到的细胞膜面积更接近于实际的膜面积,C_{spec} 测量的结果也更接近于白细胞实际的细胞膜比电容。

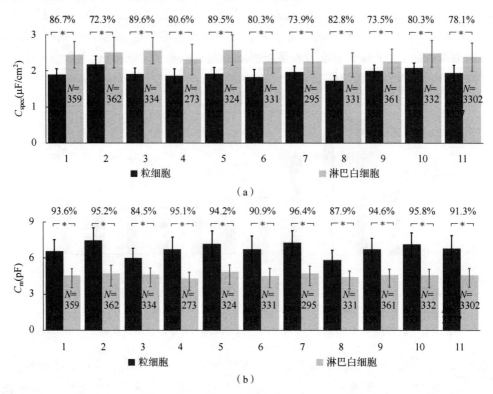

图 6.6 10 个志愿者的粒细胞和淋巴细胞的电学特性检测结果(其中单人结果为(1~10),综合结果为(11))
(a)膜比电容 C_{spec};(b)膜电容 C_m,图中包含基于人工神经网络的分类结果(* 代表 $p<0.001$),误差线为测量结果方差

图 6.6(a)中还包含了得到的两类白细胞的 C_{spec} 作为人工神经网络输入的分类成功率。其中,所有志愿者的两类白细胞的 C_{spec} 数据作为人工神经网络输入时得到的区分度为 78.1%。这一结果说明了 C_{spec} 可以区分不同种类的细胞。

图 6.6(b)为细胞膜电容 C_m 结果,(1~10)为 10 个志愿者的两种白细胞的单人测量结果、(11)为 10 个志愿者的综合测量结果。其中,所有志愿者的粒细胞与淋巴细胞的 C_m 测量结果分别为 6.81 ± 1.09 pF($n_{cell}=3\ 327$)、4.63 ± 0.57 pF($n_{cell}=3\ 302$),结果具有显著性差异。所有志愿者的两类白细胞细胞膜电容 C_m 数据作为人工神经网络输入时得到的区分度为 91.3%,相比于 C_{spec} 区分度更高。C_m 相比于 C_{spec} 区分度更高的原因在于 C_m 当中包含了细胞膜尺寸信息,细胞膜尺寸与两种白细胞的尺寸有关。

6.7　本章小结

本章介绍了基于"一字形"压缩通道的白细胞电学特性高通量检测方法[147],介绍了适用于白细胞电学检测的压缩通道的结构参数,获得了上千个白细胞的细胞膜比电容 C_{spec} 的数据:$1.95 \pm 0.22\ \mu F/cm^2$(粒细胞,$n_{cell} = 3\ 327$),$2.39 \pm 0.39\ \mu F/cm^2$(淋巴细胞,$n_{cell} = 3\ 302$);基于细胞膜比电容的区分度为 78.1%(粒细胞与淋巴细胞对比)。

本章将压缩通道拓展到了对更小尺寸细胞的电学检测领域;对于一些表面有褶皱的细胞,压缩通道由于具有挤压作用而得到更准确的细胞膜比电容数据。

第 7 章

单细胞力学与电学特性检测分析仪

本章介绍了以"一字形"压缩通道为检测核心的单细胞杨氏模量、细胞膜比电容与细胞质电导率的检测分析仪,实现了对单细胞力学与电学特性参数采集与数据处理自动化。获得了五种肿瘤细胞系的数千个细胞的杨氏模量、细胞膜比电容和细胞质电导率数据,为后续单细胞生物物理特性研究提供了数据参考。

7.1 基于"一字形"压缩通道的单细胞力学与电学特性检测分析仪

单细胞多参数检测帮助人们更全面地了解单细胞的生理学特性,已有的单细胞力学与电学特性多参数检测方法无法得到单细胞的固有特性参数(如细胞杨氏模量、细胞膜比电容、细胞质电导率等参数)。本书提出了基于"一字形"压缩通道的单细胞力学与电学特性同时检测的方法[148],细胞在压力的作用下进入微流控芯片内的"一字形"压缩通道,其进入通道的形变过程可以反映其力学特性,将这一形变结合一个等效力学模型可以得到细胞杨氏模量,细胞在通过压缩通道的过程中引起阻抗的变化,将这一阻抗的变化结合一个等效电学模型可以得到细胞的细胞膜比电容与细胞质电导率。该方法具有通量高(检测通量达 1 个/秒)、可得到单细胞固有参数的优点。随着检测样本量的急剧增加,数据采集与数据处理过程的时间成本急剧增高,这时,方法的自动化与仪器化就变得尤为必要。

因此,本章介绍了基于"一字形"压缩通道的单细胞杨氏模量、细胞膜比电容与细胞质电导率的检测分析仪。该仪器由硬件系统与软件系统构成,其中硬件系统用以实现微流控芯片检测功能、压力控制功能、力学特性采集功能、电学特性采集功能;软件系统用以实现对硬件系统各部分的控制功能,以及对采集到的数据的处理功能。

图 7.1(a)为基于"一字形"压缩通道的单细胞力学与电学特性检测分析仪的工作流程图,主要包括了硬件系统与软件系统。硬件系统由微流控芯片模块、压力控制模块、图像采集模块与阻抗分析模块组成,以上各模块分别用于实现微流控芯片检测功能、压力控制功能、力学特性采集功能与电学特性采集功能。软件系统由数据采集控制平台、数据处理平台与结果计算与输出模块构成,其中数据采集控制平台负责对硬件系统各模块进行控制,数据处理平台与结果计算与输出模块负责对采集到的力学与电学数据进行处理,用以最终得到单细胞的细胞膜比电容、细胞质电导率与细胞瞬时杨氏模量。

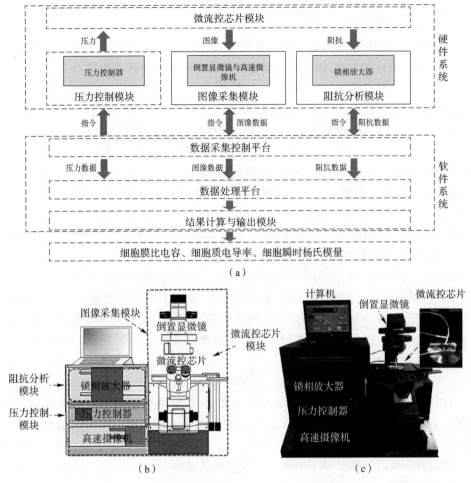

图 7.1　基于"一字形"压缩通道的单细胞力学与电学特性检测分析仪
(a)工作流程图;(b)原理图;(c)实物图

本章通过仪器化的实现,使单细胞力学与电学同时检测的数据采集与处理过程实现自动化,提高实际的样本检测量。由于本仪器可以得到单细胞的固有生物物理学特性参数,无须荧光标记等操作,相比于市场上的流式细胞仪而言,单次检测成本更低。

7.2　仪器硬件系统

硬件系统由微流控芯片模块、压力控制模块、图像采集模块与阻抗分析模块构成,用于实现微流控芯片检测功能、压力控制功能、力学特性采集功能与电学特性采集功能。

7.2.1　微流控芯片模块

在微流控芯片内实现了单细胞力学与电学数据的同时采集,细胞在微流控芯片内能否源源不断地进入检测区域("一字形"压缩通道)将严重影响该仪器的检测通量,若单个细胞不能连续进入压缩通道,则检测通量会由于细胞检测间隔时间过长而导致检测通量降低,这时,微流控芯片的进样结构就显得尤为重要。

常见的微流控芯片的进样方式为单端进样方式,如图7.2(a)所示,细胞由一个入口通道流入压缩通道。在微流控芯片中,由于外接管道的需要,入口通道通常需要具有足够大的尺寸,入口通道的横截面积通常约为10 000 μm^2(宽约为1 mm,高约为10 μm),压缩通道横截面积需小于细胞横截面积,约为100 μm^2量级,以起到对细胞有效压缩的作用。由于压缩通道的横截面积远小于入口通道的横截面积,压缩通道内液体的流动很难引起入口通道内液体的显著流动,另外,当细胞正处于压缩通道中时,由于细胞的阻隔作用,入口通道内液体几乎不发生流动,上述两个原因都将导致入口通道内的细胞在重力的作用下下沉,从而造成细胞难以被吸入压缩通道内,进而影响检测通量。双端进样的方式可以解决这一问题,如图7.2(b)所示,检测过程中,通过使两个入口构成一定的液面差,使细胞持续地由入口通道流向入口支路通道,当细胞经过压缩通道口部时会被压缩通道吸入,入口通道与入口支路通道中的显著流动可以很好地避免细胞沉底,从而使细胞不断地被压缩通道吸入。

双端进样方式中,通过使两入口的液面形成液面差,从而使细胞在入口通道与入口支路通道中流动起来,两个入口的液面差具有一定的压强差,由于力学检测过程中需要对细胞进入压缩通道的压强进行精确控制,这里需要确认两入口的压强差对力学检测不构成影响,才可以采用这种进样方式用于单细胞力学与电学特性同时检测微流控芯片中。已知液体压强的计算公式为

$$P_1 = \rho g h \tag{7.1}$$

式中,P_1为由于液面差引起的压强差,ρ为液体密度,细胞培养基的密度可近似为1 kg/m^3,g为重力加速度,h为液面高度差,已知芯片厚度为3 mm,那么两入口最大液面差为3 mm,由此可以估算得到两入口压强差约为0.03 Pa。已知检测压强约为1 kPa量级,由此可知,由于两入口液面差产生的压强差对于细胞力学检测可以忽略。如图7.2(c)所示为双端进样的微流控芯片的实物图。

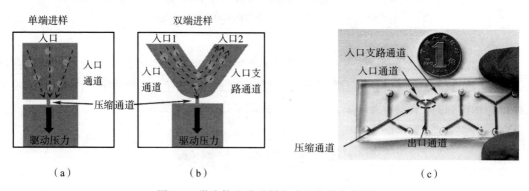

图7.2 微流控芯片进样方式及芯片实物图
(a)单端进样方式;(b)双端进样方式;(c)微流控芯片实物图

在微流控芯片制备阶段,使用PDMS构建内置压缩通道的双端进样微流控芯片。

首先使用SU-8光刻胶构建双层结构模具,在第一层构建压缩通道结构,压缩通道横截面积为10 $\mu m \times 10$ μm(宽×高),长为200 μm;在第二层构建入口通道、入口支路通道与出口通道结构。具体地:①在洁净的玻璃片上旋涂厚度为10 μm的SU 8-5光刻胶,转速1 200 rmp,

旋转 35 s；②前烘，先在 65 ℃ 条件下烘 2 min，紧接着在 95 ℃ 条件下烘 5 min；③进行第一次对准曝光，曝光时间 6 s；④后烘，先在 65 ℃ 烘 1 min，紧接着在 95 ℃ 条件下烘 1 min；⑤在第一层 SU 8-5 光刻胶上旋涂第二层厚度为 25 μm 的 SU 8-25 光刻胶，转速 2 500 rmp，旋转 35 s；⑥前烘，先在 65 ℃ 条件下烘 3 min，紧接着在 95 ℃ 条件下烘 7 min；⑦进行第二次对准曝光，曝光时间 9 s；⑧后烘，先在 65 ℃ 条件下烘 1 min，紧接着在 95 ℃ 条件下烘 2 min；⑨显影，时间约 90 s；⑩坚膜，175 ℃ 条件下坚膜 2 h。至此可以得到具有 SU-8 光刻胶双层结构的模具。

之后使用 184 硅橡胶对 SU-8 光刻胶模具进行浇筑，将 PDMS 前体与固化剂以 10∶1（质量比）混合，充分搅拌后放入模具，在 80 ℃ 条件下固化 4 h 后，将 PDMS 弹性体从模具中剥离，打孔后备用。

将制备好的 PDMS 弹性体与玻璃片进行等离子体处理，经过键合后就得到了内有"一字形"压缩通道的微流控芯片。

7.2.2　压力控制模块

单细胞的杨氏模量为 1～5 kPa，检测中要求压力控制模块能够精确并稳定输出约为 1 kPa 的压力。除此以外，由于实验中细胞团或大细胞可能会阻塞通道，这时就需要使用大小为 5～30 kPa 的正负压来疏通通道，即需要压力控制器具有 ±30 kPa 的量程。

在本仪器中选择的压力控制器 Pace 5000（GE Druck，美国）主机与压力控制模块 Pace CM2 来实现，在量程为 ±7 kPa 时，其精度可以达到 0.025% FS＋0.025% Rdg，即误差值小于 3.5 Pa，可以满足高精度压强控制的需求。其输出量程范围为 −100 kPa～＋98 kPa，可以输出 5～30 kPa 的正负压以实现对压缩通道的疏通功能。另外，Pace 5000 标配的 USB 接口，可便于后续通过数据采集控制平台对其进行控制。

7.2.3　阻抗分析模块

锁相放大器具有抗噪声能力强的优势，被广泛应用于小信号检测，因此本书中的阻抗分析模块的核心为锁相放大器。在电学检测中，细胞电学特性的获取需要两个频率的信号，锁相放大器 7270（AMETEK，美国）可以同时输出一个频率信号，可同时对两个频率信号进行测量，因此，阻抗分析模块除使用锁相放大器 7270，还使用函数发生器 WF1974（NF，日本）作为另一个频率的输出。锁相放大器 7270 标配 RS232 通信口，可便于后续通过数据采集控制平台实现其与 PC 端的通信。

细胞检测过程中，阻抗分析模块先将双频激励信号输出，之后对细胞响应的双频信号进行输入（采集），输入的信号结合参考信号进行相敏检波后再经过低通滤波（由锁相放大器完成），最终得到待测的阻抗信号。

7.2.4　图像采集模块

图像采集模块负责采集细胞的图像数据，用于记录细胞进入压缩通道的过程。细胞进入压缩通道口部的时间约为 0.5 s，若要在此过程中完整记录细胞的运动状态（即从进入曲线可以区分出瞬时进入长度与终态进入长度），则需要高速摄像机的采集速度至少为 20 帧/秒，此时对于用时 0.5 s 进入压缩通道的细胞可以记录 10 帧图片数据。

图像采集模块包括倒置显微镜 IX83(Olympus，日本)与高速摄像机 Phantom-M320S(Vision Research Incorporated，美国)，高速摄像机 Phantom-M320S 可实现每秒上千帧的拍摄速率，完全满足拍摄需求，另外，高速摄像机 Phantom-M320S 标配千兆以太网口，在大数据量的情况下，可通过数据采集控制平台实现与 PC 端的高速通信。

7.3　数据采集控制平台

数据采集控制平台用以实现对各硬件模块的控制以及对力学与电学数据的同时采集。具体地，除了需要实现对压力控制模块、图像采集模块及阻抗分析模块的参数设定功能，为了将每个细胞的力学与电学数据对应起来，还需要实现图像与阻抗数据的同时采集功能。

考虑到图形化编程软件 LabVIEW 对多种硬件(包括压力控制器 Pace 5000、高速摄像机 Phantom-M320S 与锁相放大器 7270)具有丰富的功能库可供调用，本书中的数据采集控制平台采用 LabVIEW 软件编写。为了实现高速摄像机与锁相放大器的同步采集功能，本书采用对其同时触发采集来实现，具体来说，将锁相放大器的状态通过属性节点传递至高速摄像机，从而实现对高速摄像机与锁相放大器的同步触发。

LabVIEW 数据采集控制平台(以下简称控制平台)由两个控制界面组成，如图 7.3(a)、(b)为控制平台的界面Ⅰ与界面Ⅱ，其中界面Ⅰ主要负责在数据采集开始前对阻抗分析模块进行初始参数预设，预设完成后跳转至控制平台界面Ⅱ，控制平台界面Ⅱ除对阻抗显示与记录外，还包含了图像数据记录设置与实时显示、压力控制、数据采集触发与存储路径。

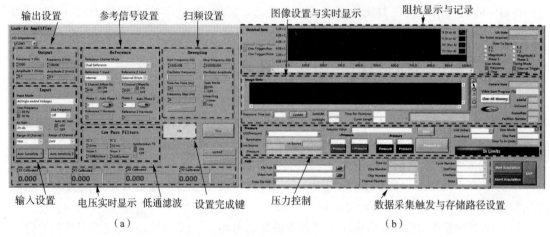

图 7.3　LabVIEW 数据采集控制平台
(a)控制平台的界面Ⅰ；(b)控制平台的界面Ⅱ

在数据采集控制平台界面Ⅰ内对阻抗分析模块设置的初始参数包括输出设置、输入设置、参考信号设置、扫频设置与电压实时显示，设置完成键按下后跳转至界面Ⅱ，界面Ⅱ内有对阻抗数据的实时显示与开始采集的触发。在数据采集控制平台界面Ⅰ内可以实现扫频功能，扫频范围为 1 kHz～250 kHz，扫频功能帮助用户得到电路的幅频特性曲线，从而帮助用户选择合适的输出频率。

对压力控制模块的控制在数据采集控制平台界面Ⅱ内实现,具体包括:环境大气压测量、正/负压源测量、输出压力测量与控制;另外,为在实验操作中对压力进行方便地控制与快速地转换,在数据采集控制平台界面Ⅱ内设置了诸多快捷键,如压力一键置零及多个预设压力键。

对图像采集模块的控制在数据采集控制平台界面Ⅱ内实现,具体包括:曝光时间、采集速度、分辨率等参数设定,以及对开始/终止采集图像数据的触发。

7.4　数据处理

数据处理功能由数据处理平台与结果计算与输出模块构成。数据处理平台用以得到每个单细胞的力学和电学特性的原始数据,即得到细胞进入压缩通道的长度随时间的变化曲线与细胞完全进入压缩通道中的阻抗上升。结果计算与输出模块负责将原始数据结合模型进行计算,用以最终得到单细胞的细胞膜比电容、细胞质电导率和细胞瞬时杨氏模量。

7.4.1　数据处理平台

考虑到 LabVIEW 软件在图像处理时的优秀表现,数据处理平台同样由 LabVIEW 软件编写。数据处理平台用于处理细胞阻抗与图像数据,如图 7.4 为 LabVIEW 数据处理平台界面,其功能可划分为四部分,分别是阻抗数据显示与处理、时间对准、图像数据显示与处理、数据打开与存储路径。实际处理过程中,在数据打开与存储路径区域实现阻抗数据和图像数据的导入,同时在该区域实现处理结果的存储路径设置,之后在时间对准区域将单细胞的阻抗波形与图像进行对应,阻抗波形与图像帧对应之后就可以对单个细胞的阻抗与图像数据进行处理。具体地,在电学数据显示与处理区域有阻抗数据显示与电学处理结果显示,该区域可以对阻抗值进行处理与记录,记录值为每个细胞的处于压缩通道中的阻抗值与细胞离开压缩通道(或尚未进入压缩通道)的阻抗值;在视频数据显示与处理区域有原始图像显示、处理后图像显示,该区域通过对图像进行二值化、去噪、边缘检测等一系列图像处理操作,实现对细胞进入长度随时间的变化曲线与细胞在压缩通道内的拉伸长度的自动识别与记录。最终,LabVIEW 数据处理平台可以得到单细胞进入压缩通道前的阻抗值、细胞处于压缩通道中的阻抗值、细胞进入长度随时间的变化曲线与细胞拉伸长度,这些参数将作为细胞力学与电学特性测量的原始数据。

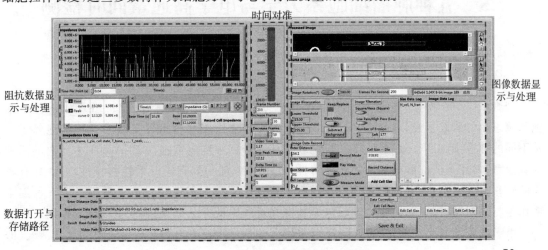

图 7.4　LabVIEW 数据处理平台界面

7.4.2 结果计算与输出模块

结果计算与输出模块基于 Python 语言搭建,其核心为一个单细胞力学等效模型和一个单细胞电等效模型,负责将得到的力学和电学原始数据(单细胞进入压缩通道前的阻抗值、细胞处于压缩通道中的阻抗值、细胞在压缩通道内的拉伸长度与细胞进入长度随时间的变化曲线)进行处理并结合模型进行计算,最终输出细胞的固有力学与电学特性参数——细胞膜比电容 C_{spec}、细胞质电导率 σ_{cy}、细胞瞬时杨氏模量 E_{ins}。

在单细胞电学等效模型中,1 kHz 频率下的单细胞进入压缩通道前的和细胞处于压缩通道中的阻抗值用于计算细胞在通道中的漏电阻 R_{leak},100 kHz 频率下单细胞进入压缩通道前的和细胞处于压缩通道中的阻抗值用于计算细胞的膜电容 C_m 与细胞质电阻 R_{cy},结合细胞拉伸长度 L_{el} 与压缩通道几何尺寸 S_{ch},最终结合表达式

$$R_{cy} = L_{el}/(\sigma_{cy} \times S_{ch}) \tag{7.2}$$

$$C_m = C_{spec} \times S_{ch} \tag{7.3}$$

得到细胞膜比电容 C_{spec} 和细胞质电导率 σ_{cy} 参数的结果[148]。

在单细胞力学等效模型中,压缩通道被模拟为刚体,细胞被模拟为不可压缩的黏弹性体。基于数值仿真得到的瞬时杨氏模量 E_{ins} 的计算公式如下

$$\frac{L_{ins}}{D_{ch}} = (44.27 f_c^2 - 37.24 f_c + 13.70) \times \frac{\Delta P}{E_{ins}} + (-5.31 f_c^2 + 2.84 f_c - 0.59) \tag{7.4}$$

$$\frac{L_{tr}}{D_{ch}} = (-60.40 f_c^2 + 40.05 f_c - 8.68) \times \frac{\Delta P}{E_{ins}} + (1.99 f_c^2 + 0.03 f_c + 1.60) \tag{7.5}$$

式中,D_{ch} 为通道的横截面等效直径,f_c 为细胞与通道壁之间的摩擦系数,ΔP 为施加的压强,L_{ins} 与 L_{tr} 分别为细胞的瞬时进入长度与失稳长度。这里需要说明的是,细胞进入压缩通道的过程为先快速地瞬间进入,长度为瞬时进入长度 L_{ins},之后缓慢地蠕变进入,当到达失稳长度 L_{tr} 时细胞进入速度突然加快而后完全进入,通过数据处理从细胞进入长度随时间的变化曲线 $L_p(t)$ 中提取出细胞的瞬时进入长度 L_{ins} 和失稳长度 L_{tr},通过将 L_{ins} 和 L_{tr} 代入式(7.4)与式(7.5)可以得到细胞瞬时杨氏模量 E_{ins}。[148]

7.5 五种肿瘤细胞系力学与电学高通量同时检测

7.5.1 关键参数

细胞系 H460 源于一位患有大细胞肺癌的患者的胸腔积液;细胞系 H446 源于一位小细胞肺癌患者的胸腔积液;细胞系 A549 细胞系源于肺癌组织移植培养。以上三种细胞属于三种不同的肺癌细胞系。细胞系 95C 与 95D 是从人肺巨细胞癌细胞株 PLA-801 中分离的两种细胞亚型,常用来研究肿瘤细胞的转移特性,其中 95C 细胞具有较低的转移特性,95D 具有较高的转移特性[149]。五种细胞系均来自首都医科大学附属胸科医院。本章采用以上五种细胞系作为测量对象,探究单细胞力学与电学特性在对细胞种类区分、细胞亚型区分的作用。

由于低频信号无法穿过细胞膜,所以采用低频信号来获得细胞对压缩通道的填充情况(即

细胞漏电阻 R_{leak}），该信号由函数发生器产生。在低频信号的选择中，考虑到直流信号抗造能力差，采用频率较低的 1 kHz 交流信号来实现低频的测量功能。

由于高频信号可以穿过细胞膜，高频信号用于得到细胞的膜比电容 C_{spec}。在高频信号选择中，为保证对细胞膜电容与细胞质电导率两个参数的同时测量，测量频率的选择需要考虑使细胞膜和细胞质阻抗满足数值量级接近的要求，且使细胞在压缩通道中时引起较大的阻抗上升率。已知细胞膜比电容数值在 1 μF/cm^2 量级，细胞培养基的电导率约为 1 S/m 量级，细胞质电导率约为 0.1 S/m 量级。结合细胞等效电学模型与设计的"十字形"通道特征尺寸参数可估算待测细胞质电阻数值在 1 MΩ 量级，结合"一字形"压缩通道的尺寸可以得到细胞膜电容数值在 1 pF 量级，细胞未出现时的压缩通道自身阻抗为 1 MΩ。综合考虑以上因素，最终确定的高频信号频率为 100 kHz。此时细胞未出现时阻抗为 1 MΩ，由细胞引起阻抗变化为 2 MΩ，其中由细胞质引起的阻抗上升约为 1 MΩ，由细胞膜引起的阻抗上升约为 1 MΩ，满足设计目标。

7.5.2　五种肿瘤细胞系的力学与电学高通量同时检测

在细胞检测阶段，先使用培养基将微流控芯片模块内的气体排出，避免后续实验过程中在通道中产生气泡影响细胞测量。之后在微流控芯片模块内加入浓度为 10^6 个/毫升浓度的细胞悬液，细胞在压力控制模块产生的压强下连续进入并通过压缩通道，在此期间，通过 Lab-VIEW 数据采集控制平台对压力控制模块、图像采集模块与阻抗分析模块进行控制，最终实现对细胞图像数据与阻抗数据的采集。LabVIEW 数据采集控制平台对压力控制模块进行的主要控制为 $-0.5\sim1.2$ kPa 压强输出。LabVIEW 数据采集控制平台对阻抗分析模块的主要控制参数：①输出（Output）控制，输出幅值均为 0.1 V 的 1 kHz 和 100 kHz 双频激励信号；②输入（Input）控制，电压模式，工频滤波关闭，放大系数 20 dB，两个频率的输入量程分别为 100 mV 和 10 mV；③参考（Reference）设置，双端参考，参考 1 为内部参考（1 kHz）、参考 2 为外部输入（100 kHz）；④低通滤波（Low Pass Filters）设置，时间常数为 10 ms，斜度为 12 dB。

在数据处理阶段，使用 LabVIEW 数据处理平台处理得到细胞进入压缩通道时力学原始数据（即瞬时进入长度 L_{ins} 和稳态进入长度 L_{tr}）与电学原始数据（即 1 kHz 下的阻抗峰值和基线的比值 $A_{1\,\text{kHz}}$、100 kHz 下的阻抗峰值与基线的比值 $A_{100\,\text{kHz}}$）。具体来说，首先在 LabVIEW 数据处理平台内的力学与电学数据对准区域将单个细胞阻抗数据与图像数据进行对准，之后在图像数据显示与处理区域提取细胞进入压缩通道时的吸入长度随时间的变化 $L_{\text{p}}(t)$ 和细胞的拉伸长度 L_{el}，并在阻抗数据显示和处理区域提取阻抗数据的 1 kHz 下的阻抗峰值和基线的比值 $A_{1\,\text{kHz}}$ 和 100 kHz 下的阻抗峰值和基线的比值 $A_{100\,\text{kHz}}$。总之，通过 LabVIEW 数据处理平台得到了单个细胞进入压缩通道时的吸入长度随时间的变化 $L_{\text{p}}(t)$、细胞的拉伸长度 L_{el}、1 kHz 下的阻抗峰值和基线的比值 $A_{1\,\text{kHz}}$、100 kHz 下的阻抗峰值和基线的比值 $A_{100\,\text{kHz}}$，以上这些数据都将作为单细胞力学与电学特性计算的原始数据而输送给 Python 结果计算与输出模块。在单细胞力学数据方面，Python 结果计算与输出模块将从细胞进入长度随时间的变化 $L_{\text{p}}(t)$ 中提取两个参数，即细胞在进入压缩通道口部时的瞬时进入长度 L_{ins} 与稳态进入长度 L_{tr}，将得到的 L_{ins}、L_{tr} 和细胞拉伸长度 L_{el} 结合单细胞力学等效模型进行计算，得到单细胞力学特性参数，即单细胞瞬时杨氏模量 E_{ins}。在单细胞电学数据方面，Python 结果计算与输出模块将 1 kHz 下的阻抗峰值和基线的比值 $A_{1\,\text{kHz}}$ 与 100 kHz 下的阻抗峰值和基线的比值

$A_{100\,kHz}$结合单细胞电学模型进行计算,得到单细胞电学特性参数,即单细胞胞膜比电容C_{spec}、细胞质电导率σ_{cy}。最后,Python结果计算和输出模块将得到的E_{ins}、C_{spec}和σ_{cy}进行输出。

7.5.3 结果与分析

图7.5(a)~(d)所示为一个肿瘤细胞进入压缩通道的图片,由此可以得到细胞的拉伸长度L_{el}、细胞的进入长度随时间的变化$L_p(t)$,如图7.5(e)所示,由$L_p(t)$处理得到细胞的瞬时进入长度L_{ins}和稳态进入长度L_{tr},相应的阻抗变化如图7.5(f)所示,由此可以得到1 kHz下的阻抗峰值和基线的比值$A_{1\,kHz}$、100 kHz下的阻抗峰值和基线的比值$A_{100\,kHz}$。L_{ins}、L_{tr}、$A_{1\,kHz}$和$A_{100\,kHz}$都将作为单细胞力学与电学特性计算的原始数据。

从图7.5中可以看出,当细胞进入压缩通道时,开始阶段会有一个瞬时快速进入,该阶段的细胞进入长度为瞬时进入长度L_{ins},如图7.5(a)所示,之后进入缓慢进入阶段,如图7.5(b)所示,当进入长度到达稳态进入长度L_{tr},如图7.5(c)所示时细胞速度突然加快,之后细胞完全进入侧通道,在压缩通道的挤压作用下拉伸长度为L_{el},如图7.5(d)所示。

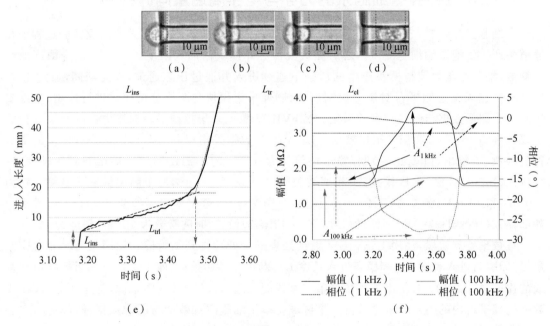

图7.5 细胞进入压缩通道图片、阻抗变化与进入长度变化

(a)~(d)细胞进入压缩通道的图片;(e)处理得到的细胞吸入长度随时间变化的曲线;(f)引起的阻抗幅值随时间变化的曲线

图7.6所示为5个肿瘤细胞系的细胞膜比电容C_{spec}、细胞质电导率σ_{cyt}、细胞瞬时杨氏模量E_{ins}的结果,从图中可以看出肿瘤细胞系之间存在着较为明显的力学与电学特性的差异。具体地,5种肿瘤细胞系的细胞膜比电容C_{spec}、细胞质电导率σ_{cyt}、细胞瞬时杨氏模量E_{ins}的测量结果分别为:H460细胞(437个):$2.10\pm0.38\ \mu F/cm^2$、$0.91\pm0.15\ S/m$、$5.52\pm0.95\ kPa$。H446细胞(410个):$2.52\pm0.54\ \mu F/cm^2$、$0.83\pm0.12\ S/m$、$5.54\pm1.04\ kPa$。A549细胞(442个):$2.45\pm0.57\ \mu F/cm^2$、$0.99\pm0.18\ S/m$、$5.16\pm1.68\ kPa$。95D细胞(415个):$1.86\pm0.31\ \mu F/cm^2$、$1.07\pm0.18\ S/m$、$3.86\pm0.81\ kPa$。95C细胞(290个):$2.03\pm0.35\ \mu F/cm^2$、$0.99\pm0.16\ S/m$、$3.49\pm0.70\ kPa$。

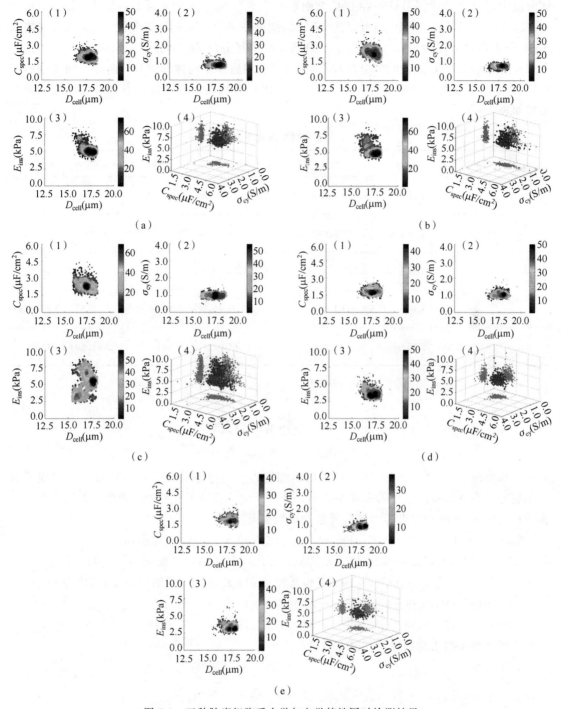

图 7.6　五种肿瘤细胞系力学与电学特性同时检测结果

（a）H460；（b）H446；（c）A549；（d）95D 和（e）95C 的细胞瞬时杨氏模量 E_{ins}、细胞膜比电容 C_{spec}；细胞质电导率 σ_{cyt} 的结果。
每种细胞都包含了（1）C_{spec} 对比 D_{cell}；（2）σ_{cy} 对比 D_{cell}；（3）E_{ins} 对比 D_{cell} 与（4）C_{spec} 对比 σ_{cy} 对比 E_{ins} 的散点图

本书使用人工神经网络对得到的五种肿瘤细胞系进行了区分，其中细胞系 H460 与 H446 区分度为 70.9%，细胞系 H460 与 A549 细胞系区分度为 73.8%，细胞系 H460 与 95D 细胞系区分度为 89.4%,细胞系 H460 与 95C 细胞系区分度为 94.7%,细胞系 H446 与 95D 区分度为 93.2%,细胞系 H446 与 95C 区分度为 95.2%,细胞系 A549 与 95D 区分度为 86.9%,细胞系 A549 与 95D 区分度为 86.0%,细胞系 95D 与 95C 的区分度 70.7%。从结果中可以看出,两种细胞亚型 95D 与 95C 细胞的区分度较小,而这两种细胞属于同种母细胞的两种不同种细胞亚型,其力学与电学特性的神经网络区分度也呈现出相对较高的相似性。五种肿瘤细胞系测量结果如表 7.1 所示。

表 7.1　五种肿瘤细胞系测量结果

Cell Type	$A_{1\,kHz}$	$A_{100\,kHz}$	$L_{ins}/\mu m$	$L_{tr}/\mu m$	$L_{el}/\mu m$	$C_{spec}/(\mu F/cm^2)$	$\sigma_{cy}/(S/m)$	E_{ins}/kPa
H460 ($n_{cell}=438$)	3.41 ± 0.47	1.17 ± 0.02	8.99 ± 1.15	18.14 ± 2.63	28.18 ± 2.42	2.10 ± 0.38	0.91 ± 0.15	5.52 ± 0.95
H446 ($n_{cell}=411$)	2.94 ± 0.43	1.16 ± 0.03	9.20 ± 1.16	16.95 ± 1.55	28.29 ± 2.46	2.52 ± 0.54	0.83 ± 0.12	5.54 ± 1.04
A549 ($n_{cell}=443$)	3.14 ± 0.56	1.14 ± 0.03	8.21 ± 1.48	17.31 ± 2.57	27.59 ± 3.66	2.45 ± 0.57	0.99 ± 0.18	5.16 ± 1.68
95D ($n_{cell}=416$)	3.49 ± 0.49	1.17 ± 0.03	8.56 ± 1.01	17.68 ± 1.80	27.86 ± 2.34	1.86 ± 0.31	1.07 ± 0.18	3.86 ± 0.81
95C ($n_{cell}=291$)	3.33 ± 0.43	1.19 ± 0.03	9.38 ± 1.21	19.06 ± 2.09	28.64 ± 2.31	2.03 ± 0.35	0.99 ± 0.16	3.49 ± 0.70

7.6　本章小结

本章介绍了基于"一字形"压缩通道的单细胞力学与电学特性检测分析仪[150],实现了对单细胞力学与电学特性参数的采集与数据处理自动化。获得了五种肿瘤细胞系的数千个单细胞的杨氏模量、细胞膜比电容和细胞质电导率数据[133]:

5.52 ± 0.95 kPa,2.10 ± 0.38 μF/cm^2 和 0.91 ± 0.15 S/m(H460 细胞,$n_{cell}=437$);

5.54 ± 1.04 kPa,2.52 ± 0.54 μF/cm^2 和 0.83 ± 0.12 S/m(H446 细胞,$n_{cell}=410$ 个);

5.16 ± 1.68 kPa,2.45 ± 0.57 μF/cm^2 和 0.99 ± 0.18 S/m(A549 细胞,$n_{cell}=442$ 个);

3.86 ± 0.81 kPa,1.86 ± 0.31 μF/cm^2 和 1.07 ± 0.18 S/m(95D 细胞,$n_{cell}=415$ 个);

3.49 ± 0.70 kPa,2.03 ± 0.35 μF/cm^2 和 0.99 ± 0.16 S/m(95C 细胞,$n_{cell}=415$ 个);

为后续单细胞生物物理特性研究提供数据参考。

第 **8** 章

"十字形"压缩微流控通道用于单细胞力学特性检测

连续式微吸管可以实现单细胞细胞质黏度的连续式检测,然而该方法操作烦琐,限制了其检测通量;基于微流控技术的"一字形"压缩通道通过对流体的控制实现了细胞源不断地流入检测区域,解决了微吸管操作烦琐的问题,检测通量提升至 1 个/秒,可获得数百个细胞的力学特性参数,然而,由于其结构与模型的限制,难以满足更大样本检测的需求。

本章介绍了基于"十字形"压缩通道的单细胞力学特性高通量检测方法,提出了细胞通过"十字形"压缩通道的等效力学模型,实现了单细胞细胞质黏度的高通量检测,解决了高速流动中的单细胞质黏度的测量问题,获得了数千个单细胞细胞质黏度数据,为后续单细胞细胞质黏度的研究提供数据参考。

8.1 单细胞力学特性高通量检测原理与方法

在单细胞力学特性参数检测领域,普遍的方法是使用外力使细胞发生形变,细胞的这一形变能够反映其力学特性,通过图像采集设备记录下细胞的形变过程,经过图像后处理过程提取细胞形变过程中的特征量(如在微吸管中的进入长度随时间变化、细胞膜弧度的变化等[90]),将这些特征量结合细胞等效力学模型,最终可以得到细胞的力学特性参数(如细胞质黏度、细胞杨氏模量等)。

在第 4 章阐述的连续式微吸管法中,细胞在压力作用下进入微吸管口部,细胞的进入过程被连接有显微镜的高速摄像机记录下来,细胞进入微吸管的形变过程可以反映其力学特性,经过图像处理提取细胞在微吸管内的进入长度随时间的变化,再结合牛顿液滴等效力学特性模型,可以实现对单细胞细胞质黏度的检测,峰值检测通量可达 1 个/秒。但是,这种方法中待测细胞直接暴露于空气中,溶液的快速蒸发可能引起细胞力学特性的变化,实验操作中采用定期添加待测细胞悬浮液或将微吸管移向新的溶液区域的做法来避免这一问题。无论是添加新的细胞悬浮液还是移动微吸管位置,都需要重新对图像采集区域与图像焦距进行调整。以上这些烦琐的操作都限制了微吸管实际的检测通量,使得该技术难以被广泛应用。

在基于微流控技术的"一字形"压缩通道方法中,通过对流体的控制使得细胞源源不断地到达压缩通道口附近,细胞在负压的作用下进入压缩通道入口,细胞的进入过程被连接有显微镜的高速摄像机记录下来,细胞进入压缩通道的形变过程能够反映细胞的力学特性,经过图像处理,提取细胞在微吸管内进入长度随时间的变化,再结合黏弹性体等效力学模型,最终可以获得细胞的瞬时杨氏模量参数[91]。由于在微流控芯片内溶液与空气隔绝,且可以方便地通过对液体的控制使细胞不断地进入检测区域,基于微流控芯片技术的"一字形"压缩通道无须频繁地添加细胞悬浮液,检测区域固定,省去频繁地更换图像采集区域与焦距的调整过程,操作过程比连续式微吸管法更简便,检测通量达到 1 个/秒。

但是,"一字形"压缩通道(或微吸管)仅可得到数百个单细胞的力学特性参数,无法实现更多样本量的力学特性检测。更高的检测通量要求细胞以更快的速度进入通道口(或微吸管口),细胞高速的进入方式将导致细胞质黏度计算的力学模型不再适用。这是因为:①连续性的细胞测量方式需要使细胞在高速运动下进行,这样细胞在进入压缩通道口部时往往会伴随着初速度,这个初速度会给细胞的进入过程带来显著的影响,而且这一初速度在力学建模中因难以量化而无法模拟。现有的力学模型中都将细胞进入通道口(或微吸管口)的初速度近似为零。也就是说,更高的检测通量将导致实验数据与细胞力学模型的严重偏离,从而无法实现测量功能。②快速地进入过程伴随着较大的相互作用力,在细胞进入过程的后期阶段会出现剪切变稀的现象[24,88],这意味着大的相互作用力将引起细胞力学特性的改变。由于上述困难的存在,迄今为止尚未见到模拟细胞高速进入压缩通道的力学模型的报道。

本章研究单细胞细胞质黏度的高通量检测方法,并利用建立的方法获得大量单细胞的细胞质黏度参数。鉴于力学建模难以对高速运动的细胞进行分析,本章需要设计一种新的通道结构;一方面保证细胞的高速流动从而实现高通量检测;另一方面需要使细胞发生缓慢的形变从而实现与力学模型的吻合,以解决细胞在高速运动中的细胞质黏度测量问题。由于压缩通道具有可以使细胞发生明显形变且受力情况容易分析的优点,本章仍采用压缩通道来实现对单细胞质黏度的高通量检测。

8.2　压缩通道结构与关键尺寸

8.2.1　压缩通道结构

由以上分析可以了解,若要实现单细胞质黏度的高通量检测,一方面需要保证细胞的高速流动,另一方面需要使细胞发生缓慢地形变。由此本章设计了一种新型的压缩通道。

为了实现细胞质黏度高通量检测的目的,就需要使细胞高速流动且发生缓慢形变。本章中将细胞质黏度的检测方向设计为细胞流动的垂直方向,这样,细胞可以不断地高速流入压缩通道,由于力学测量方向与细胞运动方向垂直,垂直方向上的细胞形变将不再受到水平方向上细胞高速运动的影响,从而保证了细胞的高通量检测。

本章的压缩通道设计为"十字形"压缩通道,由主通道与侧通道组成,其中侧通道需要具有小开口。这样,细胞在主通道内高速地连续通过的同时在侧通道被吸入而发生形变,通过记录细胞在侧通道的伸入长度随时间的变化而得到细胞质黏度,如图 8.1(a)所示。

8.2.2　压缩通道关键尺寸

在主通道尺寸的设计中主要考虑到两个因素:一是保证细胞在不破损的情况下连续、高速地通过"十字形"压缩通道,即"十字形"压缩通道的主通道具有较大的横截面积;二是保证细胞在主通道中被适当压缩、对侧通道填充,从而保证力学检测的准确性,即压缩通道的主通道不能过大。综合考虑上述两个因素,再结合细胞系 HL-60 与人体粒细胞的尺寸(直径分别为 $10\sim13~\mu m$ 和 $8\sim10~\mu m$),最终设计的用于细胞系 HL-60 与人体粒细胞的微流控芯片的主通道横截面分别为 $6~\mu m\times4~\mu m$(宽×高)和 $4~\mu m\times4~\mu m$(宽×高)。

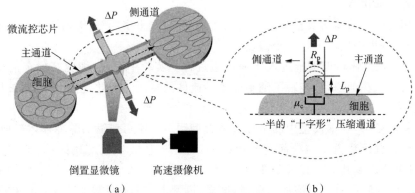

图 8.1 基于"十字形"压缩通道的单细胞质黏度高通量检测方法原理图
(a)微流控芯片结构与操作;(b)力学模型

在侧通道的设计中,为了保证测量的准确性,减少流体泄露,侧通道的尺寸应尽可能地小,再考虑了现在的微加工的工艺水平,最终确定用于细胞系 HL-60 与人体粒细胞的微流控芯片的侧通道横截面分别为 $3~\mu m\times4~\mu m$(宽×高)和 $2~\mu m\times4~\mu m$(宽×高)。

另外,实验中细胞先进入主通道,之后被部分吸入侧通道,为了保证细胞完全进入主通道之后才开始进入侧通道,需要使侧通道与主通道入口的距离适当大于细胞在主通道内的拉伸长度 L_{el},就是细胞进入主通道之后穿行一段时间,稳定后开始进入侧通道;侧通道与主通道入口的距离过长时会增加细胞在压缩通道内的穿行时间,影响检测通量。

由式(6.1)可以得到直径范围为 $10\sim13~\mu m$ 的细胞系 HL-60 在横截面积为 $6~\mu m\times4~\mu m$(宽×高)的主通道中的拉伸长度 L_{el} 最长约为 $48~\mu m$,直径范围为 $8\sim10~\mu m$ 的粒细胞在横截面积为 $4~\mu m\times4~\mu m$(宽×高)的主通道中的拉伸长度最长约为 $33~\mu m$。又考虑到不同掩膜版之间尺寸兼容可以降低制作成本,故将主通道入口到侧通道口的距离统一设置为 $90~\mu m$。

8.3 牛顿液滴力学模型建立

8.3.1 细胞在"十字形"压缩通道总的基本假设

由第 2 章的力学模型设计部分可知,细胞进入微吸管的过程可以用牛顿液滴模型来进行等效建模。微吸管是压缩通道的原型,细胞在微吸管中的进入过程与细胞在"十字形"压缩通道的侧通道中的进入过程是极为相似的,所以本章仍使用牛顿流体模型来描述细胞进入侧通道的形变过程。但由于细胞在微吸管当中的运动为三维情况,而在"十字形"压缩通道中的运动情况更接近于二维平面情况,因此第 2 章中使用的牛顿液滴模型将不再适用。所以本章基于数值仿真的方法重新建立了用于"十字形"压缩通道细胞质黏度计算的等效力学模型。

由于细胞在与主通道及侧通道接触过程中发生了严重的形变,利用数值仿真模拟这一过程很具有挑战性。有限元软件 ABAQUS(6.14 版,美国里岛普罗维登斯 Dassault Systems Simulia 公司)在处理非线性的大形变分析方面具有出色的表现,可以对复杂的高度非线性力学结构系统进行分析,目前被广泛应用于各种工程领域,包括了土木、机械、航空航天和车辆等。因此,本章采用 ABAQUS 软件来对细胞在"十字形"压缩通道中的大的、非线性的形变过程进行有限元数值仿真。

本章使用有限元数值仿真模拟了不同尺寸的细胞在"十字形"压缩通道中被侧通道吸入的过程,实际仿真过程中做了下述三个假设。

(1) 采用牛顿流体模拟细胞进入压缩通道过程。实验中发现,细胞在恒定的负压作用下会逐渐地蠕变进入侧通道,这表现了细胞的黏性流体的特点。因此,仿真中细胞被模拟为牛顿流体,其黏度为 μ_c,这与微吸管法测量细胞质黏度的方法中一致。鉴于 ABAQUS 仿真更擅长模拟固体材料的变形,在本模型中的牛顿流体模型用一个不可压缩的黏弹性体近似,该黏弹性体结合了黏性松弛函数模型与新胡克定律模型,有三个特征参数,即瞬时模量 E_0,终态模量 E_∞ 和弛豫时间 τ。其中,为了满足牛顿流体的特点,瞬时与终态模量满足关系式 $E_\infty \ll |\Delta P| \ll E_0$,$\Delta P$ 为侧通道当中施加的压强,这样,模型中的黏弹性体具有了可以被忽略的瞬时弹性形变和无限长时间的形变过程,这样流体的黏度可以由 $\mu_c = \tau E_0$ 确定。

(2) 使用二维平面模型模拟细胞运动过程。出于压缩通道为方形,细胞在压缩通道中的受力情况十分接近二维情况,而使用 3D 模型模拟细胞在压缩通道中的形变过程对计算能力有很高的需求。因此,为了提升模型效率,一方面为了降低计算成本,另一方面由于压缩通道为方形,细胞在压缩通道中的受力情况更接近如二维情况,本章采用 2D 平面应变仿真模型来模拟细胞在交叉区域的形变过程。

(3) 假设细胞在主通道中的运动与侧通道中的运动分离。在细胞实验过程中,细胞在主通道移动过程中被侧通道吸入,为了简化模型、降低计算成本,在模型当中假设细胞在主通道的运动与侧通道的运动是分离的,得到侧通道内细胞深入长度随时间变化的函数,忽略细胞在主通道中的运动对侧通道伸入长度的影响。

有限元数值仿真用于模拟不同尺寸的细胞在"十字形"压缩通道中被侧通道吸入的过程,如图 8.1(b)所示。

8.3.2　牛顿液滴力学模型建立和细胞质黏度计算

基于上述三个假设建立起单细胞牛顿液滴模型。具体来说,细胞被模拟为一个连续的半径为 R_c 的圆盘,主通道(宽度为 $2R_p$)与侧通道(宽度为 R_p)模拟为刚性表面。这里的主通道宽度为侧通道宽度的两倍,这与实际实验中使用的微流控芯片通道的尺寸特征一致。根据实验芯片通道的几何特征,在仿真中将主、侧通道连接处的圆角半径设置为 $R_p/2$。为了降低计算成本,在模型中使用 2D 平面应变模型来模拟实验中的三维形变情况,由于细胞在通道中几何上对称,仿真中只对压缩通道的一半进行了模拟,如图 8.2 所示,其中网格划分数为 10 456 个,且为了节约计算成本忽略了主通道的细胞运动。在仿真中,通过以下 3 个步骤得到侧通道伸入长度 L_p 随时间的变化关系。

第一步,细胞在主通道内变形。图 8.2(a)～(c)为基于 ABAQUS 仿真软件的细胞在"十字形"压缩通道内的数值仿真模型,模型中包含了两个竖直方向的侧通道壁与一个水平方向的主通道壁,仿真中不考虑细胞在主通道当中的运动,利用刚性表面代表主通道壁,刚性表面对圆形的细胞进行压缩,直至将细胞压缩至主通道宽度位置,从而得到细胞在完全进入主通道之后的形变情况。这里对细胞与通道壁之间的摩擦做忽略处理。

第二步,细胞内应力松弛。实验过程中,细胞进入"十字形"压缩通道主通道的过程会伴随着细胞内应力的产生,之后细胞在主通道中穿行一段时间,直至其到达侧通道位置并开始进入侧通道,仿真中假设细胞在到达侧通道之前其内应力已经完全松弛。这是因为如果细胞内应力没有完全松弛,在细胞到达侧通道时,细胞在侧通道的伸入长度会突然增加,这显然与实际的实验结果明显不符。通过将通道壁保持 $1\,000\,\tau$ 来保证内部应力完全松弛。这一时间远大于特征弛豫时间 τ,目的是为了保证应力的充分松弛,从而使剩余的应力与 E_{∞} 数值接近而可被忽略。

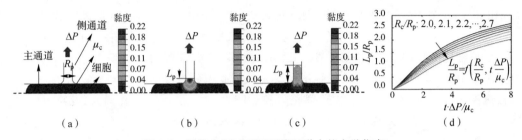

图 8.2　细胞在"十字形"压缩通道内的力学仿真

(a)～(c)基于 ABAQUS 仿真软件的细胞在"十字形"通道中在侧通道进入的数值仿真二维力学模型;
(d)数值仿真得到的不同细胞尺寸 R_c、不同细胞黏度 μ_c 的进入长度 L_p 随时间 t 的变化关系

第三步,细胞被吸入侧通道。这时,主通道的上壁换成是具有侧通道开口的上壁,如图 8.2(a)所示,负压 ΔP 将细胞吸入侧通道内部。经过第二步,细胞内部的应力此时是可以忽略的,所以模型的吸入压力等于 ΔP。另外,由于 ΔP 远小于 E_0,细胞的弹性响应可以被忽略。至此,牛顿流体模型建立。图 8.2(b)为 $R_c/R_p=2.4$ 的细胞伸入侧通道的仿真结果图,仿真中使用 ABAQUS 的动态隐式求解器来模拟细胞进入侧通道的过程。

如图 8.2(d)所示为数值仿真得到的不同细胞尺寸 R_c、不同细胞黏度 μ_c 的进入长度 L_p 随时间 t 的变化关系。L_p、R_c 对 R_p 做归一化,时间 t 对 $\mu_c/\Delta P$ 做归一化处理,得到了 L_p/R_p、R_c/R_p 和 $t\Delta P/\mu_c$ 的关系式

$$\frac{L_p}{R_p}=f\left(\frac{R_c}{R_p},t\,\frac{\Delta P}{\mu_c}\right) \tag{8.1}$$

通过将式(8.1)与实验中得到的细胞在侧通道的伸入长度 L_p 随时间 t 的变化进行对比,并对不同尺寸的细胞的 L_p 的数值仿真结果做多项式拟合,最终可得到细胞质的黏度 μ_c。

8.4　基于"十字形"压缩通道的单细胞力学特性高通量检测方法实现

8.4.1　方法概述

该方法的总体流程如下:经过细胞准备阶段,待测量细胞被加入到微流控芯片中,在芯片操作中,如图 8.1(a)所示,负压 ΔP 驱动细胞连续地进入在芯片内的"十字形"通道的主通道

内,并在侧通道内发生形变 L_p,这一形变被连接有倒置显微镜的高速摄像机记录下来,之后将细胞的形变结合建模的牛顿流体模型,如图 8.1(b)所示,模型建立了压强 ΔP、细胞在侧通道内进入长度 L_p、细胞半径 R_c、侧通道等效半径 R_p 与细胞质黏度 μ_c 的关系,最终经过数据处理过程,得到细胞质黏度参数 μ_c。

8.4.2　材料与设备

除非特别说明,所有的细胞处理相关试剂均购置于 Life Technologies Corporation(美国),包括细胞培养液(RPMI-1640)、胎牛血清(Fetal Bovine Serum),青霉素-链霉素双抗(Penicillin-Streptomycin),磷酸盐缓冲液(Phosphate Buffer Saline)。趋化因子(N-Formyl-methionine-leucyl-phenylalanine,fMLP,Sigma Aldrich Corporation,美国)用于改变细胞质黏度。用于粒细胞分离的 Percoll(GE Healthcare,美国)。细胞系 HL-60 购置于国家实验细胞共享资源平台,人体粒细胞何为粒细胞从健康人外周血中分离得到。

微流控芯片制备材料有 SU-8 光刻胶(MicroChem Corporation,美国)、AZ 系列光刻胶(MicroChemicals,德国)、184 硅橡胶 PDMS(Dow Corning Corporation,美国)。

压力控制器 Pace 5000(GE Druck,美国)用于驱动细胞核进入压缩通道,锁相放大器 7270 DSP(AMETEK,美国)用于电学信号发生与采集,高速摄像机 phantom-M320S(Vision Research Incorporated,美国)、倒置显微镜 IX83(Olympus,日本)用于记录细胞核在压缩通道内的穿行过程。

8.4.3　细胞处理

人类的外周血当中的所有白细胞可分为三类,分别是粒细胞、淋巴细胞与单核细胞。由于粒细胞在血液中所有白细胞中占大多数[136],相对更容易获取,本章选择健康人外周血中的粒细胞作为一组测量对象。

HL-60 细胞系是一种嗜中性的早幼粒细胞,属一种粒细胞的细胞系,是实验室中常用于研究血液疾病的细胞系。本章选择 HL-60 细胞系作为测量对象。

fMLP 是一种细菌分泌的趋化因子,文献已报道该趋化因子可以降低细胞的形变能力,在显微镜下可以观察到经过 fMLP 处理后的白细胞相比于未处理的白细胞更容易阻塞过滤器[151,152],也就是说,fMLP 处理后的细胞相比于处理前应具有更高的细胞质黏度。本章采用 fMLP 对 HL-60 细胞系进行处理,用以对本章提出的单细胞细胞质黏度检测方法进行验证。

测量对象选定之后,选择 Percoll 层析法对测量对象中的粒细胞进行分离。选择 Percoll 层析法的原因参见第 6 章。

已知粒细胞的细胞密度范围在 $1.08 \sim 1.09$ g/mL,淋巴细胞的密度范围为 $1.052 \sim 1.077$ g/mL,单核细胞的密度为 $1.05 \sim 1.06$ g/mL,适宜分离粒细胞的 Percoll 溶液密度分别为 1.1 g/mL 与 1.077 g/mL,结合由式(8.1)可以计算得到对应的 Percoll 体积比分别为 78% 与 60%。

至此,最终确定的待测细胞为健康人粒细胞、HL-60 细胞系与 fMLP 处理的 HL-60 细胞系。由于本方法的检测通量更高,所以本章将待测的细胞悬浮液的浓度提高至 10^7 个/毫升。

粒细胞系 HL-60 培养在 37 ℃、5% 的 CO_2 浓度、20%(体积比)的胎牛血清、1%(体积比)青霉素-链霉素双抗的 RPMI-1640 培养基当中。HL-60 细胞被离心,形成浓度为 10^7 个/毫升的细胞悬液以备后续测量。

Percoll 层析法用于分离外周血中的粒细胞,具体分离过程参见第 6 章。分离完成后,将得到的粒细胞置于培养基 RPMI-1640 当中形成浓度为 10^7 个/毫升的细胞悬浮液备用。

fMLP 处理细胞系 HL-60 的过程中,在 $5×10^5$ 个/毫升浓度的细胞悬浮液中加入 10^{-6} mL 的 fMLP,处理 10 min 后,在经过离心,形成浓度为 10^7 个/毫升的细胞悬浮液以备后续测量。

8.4.4 微流控芯片工艺实现

在微流控芯片制作当中,首先需要使用 SU-8 光刻胶制作出"十字形"压缩通道的阳模,阳模需要经过两次匀胶与曝光过程,"十字形"压缩通道形成于第二次匀胶与曝光过程。在"十字形"压缩通道内主通道与侧通道连接处为直角,由于光刻中的光学衍射现象,该直角容易被"吃掉"而形成圆角。微小的圆角是不可避免的,但过大的圆角会导致细胞与压缩通道无法紧密填充,从而引起力学测量的精度下降。所以微流控芯片制作的关键在于尽可能地减小圆角,从而使主通道与侧通道的连接处尽可能地接近直角。圆角的形成与曝光时间有关,曝光时间过长会因过曝光而使圆角变大、通道尺寸变宽,曝光时间过短会因曝光不足而使图形与玻璃片黏附力不足、通道尺寸变窄。实际制作中对多组曝光参数进行了对比,最终确定了实验的最优曝光参数。

以下具体介绍了芯片的制作过程与具体的制作参数。

首先使用 SU-8 光刻胶构建双层结构,在第一层构建压缩通道,高度为 4 μm,第二层构建入口通道,高度为 25 μm。具体制作过程中:①在洁净的玻璃片上旋涂厚度为 4 μm 的 SU 8-5 光刻胶,转速 2 700 rmp,旋转 35 s;②前烘,先在 65 ℃条件下烘 2 min,紧接着在 95 ℃条件下烘 5 min;③进行第一次对准曝光,优化后曝光时间为 5 s;④后烘,先在 65 ℃烘 1 min,紧接着在 95 ℃条件下烘 1 min;⑤在第一层 SU 8-5 光刻胶上旋涂第二层厚度为 25 μm 的 SU 8-25 光刻胶,转速 2 500 rmp,旋转 35 s;⑥前烘,先在 65 ℃条件下烘 3 min,紧接着在 95 ℃条件下烘 7 min;⑦进行第二次对准曝光,曝光时间 9 s;⑧后烘,先在 65 ℃条件下烘 1 min,紧接着在 95 ℃条件下烘 2 min;⑨显影,时间约 90 s;⑩坚膜,175 ℃条件下坚膜 2 h。至此可以得到具有 SU-8 光刻胶双层结构的模具。之后使用 184 硅橡胶浇筑,将 PDMS 前体与固化剂以 10∶1(质量比)混合,充分搅拌后放入模具,在 80 ℃条件下固化 4 h 后,将 PDMS 弹性体从模具中剥离,打孔后备用。

将 PDMS 弹性体与玻璃片进行等离子体处理,经过对准键合后就得到了内有"十字形"压缩通道的微流控芯片,用于细胞系 HL-60 检测的"十字形"压缩通道中的主通道尺寸为 6 μm×4 μm(宽×高)、侧通道尺寸为 3 μm×4 μm(宽×高),用于人体粒细胞检测的"十字形"压缩通道中的主通道尺寸为 4 μm×4 μm(宽×高)、侧通道尺寸为 2 μm×4 μm(宽×高)。

8.4.5 数据采集与处理

本次使用 10^7 个/毫升的较高浓度的细胞悬浮液作为待测溶液,对于高浓度的细胞在操作之前需要用移液枪多次混匀再加入到微流控芯片中,以防止细胞团而影响检测通量。

在芯片操作过程中,先使用培养基灌注微流控芯片,目的是将芯片内的所有气体排出,避免后续实验操作过程中产生气泡而影响实验结果。之后将浓度为 10^7 个/毫升的细胞悬浮液加入到微流控芯片的细胞入口处,压力控制器产生的 -5 kPa 的负压加载至主通道与侧通道上,从而使细胞在主通道内连续、高速通过的同时在侧通道形成形变,连接倒置显微镜的高速摄像机用于记录细胞的形变过程,高速摄像机的采集速度为 200~800 帧/秒。

在视频图像处理过程中,采用帧分离、背景减除、二值化、滤波、边缘检测来得到细胞在侧

通道的进入长度 L_p 随时间的变化和细胞的直径 R_c。具体地视频处理过程见第 4 章中的细胞质黏度测量与数据处理部分。

8.5　结果分析

图 8.3(a)～(c)所示为细胞系 HL-60 的、图 8.3(e)～(g)fMLP 处理的细胞系 HL-60 的和(i)～(k)健康人粒细胞在"十字形"压缩通道内的显微镜图像,图 8.3 (d)、(h)、(i)为三个细胞中在侧通道内伸入长度 L_p 随时间 t 的变化曲线,从曲线中可以看出,L_p 是 t 的非线性函数,这一特点在人体粒细胞上更为显著。在这里,曲线的开始位置(零点)是从细胞开始进入侧通道的时刻算起。图中的红色曲线(图中文字描述)为使用经验式(8.1)拟合的结果。

在曲线拟合的过程中使用了部分实验数据进行拟合,即侧通道处于细胞中间位置附近的数据,如图 8.3(d)、(h)与(l)中的拟合曲线中的实线拟分。通过拟合得到细胞质黏度 μ_c 之后,根据得到的 μ_c 利用式(8.1)对参与拟合以外的 L_p 进行预测,在图中以红色虚线(图中文字描述)表示,有前后两段,从图中可以看出预测的数据(红色虚线表示)与实验数据能够较好地吻合,说明有限元仿真的结果与实验数据具有很好地吻合度,也说明本章中建立的力学模型确实能够模拟细胞在侧通道中的伸入情况。

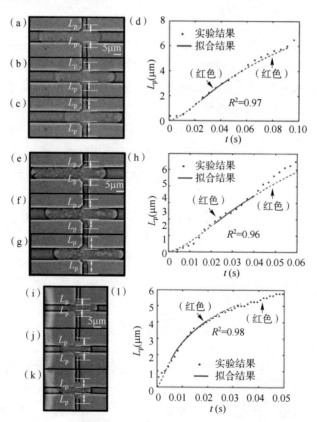

图 8.3 "十字形"压缩通道测量细胞力学特性原始数据

(a)～(c) HL-60 细胞系的显微镜下图片与进入长度 L_p;(e)～(g)fMLP 处理的 HL-60 细胞系的显微镜下图片;(i)～(k)人体粒细胞的显微镜下图片。(d)、(h)和(l)为细胞在侧通道的进入长度 L_p 随时间 t 的变化曲线与拟合效果 R^2

图 8.4(a)和(b)分别显示了细胞系 HL-60 与 fMLP 处理后的 HL-60 的细胞质黏度 μ_c 与细胞半径 R_c 的散点图,细胞系 HL-60(n_{cell}＝1 353)的 μ_c 为 111.3±80.3 Pa・s,R_c 为 5.8±0.4 μm,fMLP 处理后的 HL-60(n_{cell}＝2 287)的 μ_c 为 125.0±92.4 Pa・s,R_c 为 5.8±0.4 μm。从结果中可以看出,相比于未处理的 HL-60 细胞系,经过 fMLP 处理后的 HL-60 细胞系的平均细胞质黏度略高。

本章采用四分位数对各组的细胞质黏度数据进行统计,数据按照数值大小排序后对处于前 25%、50%、75%的数据进行统计,分别作为第一四分位数(Q_1)、第二四分位数(Q_2)、第三四分位数(Q_3),四分位数可以反映样本的分布情况,其中 $\dfrac{Q_3-Q_1}{Q_3+Q_1}$ 被称作四分位离散系数,其数值大小反映了样本的离散程度。图 8.4 中的(c)与(d)分别为细胞系 HL-60 与 fMLP 处理后的 HL-60 的细胞质黏度 μ_c 的分布图,两组数据的三个四分位的值分别为 Q_1 为 56.8 Pa・s 与 56.4 Pa・s,Q_2 为 84.6 Pa・s 与 93.2 Pa・s,Q_3 为 139.0 Pa・s 与 164.6 Pa・s。这一结果再次说明相比于未处理的 HL-60 细胞系,经过 fMLP 处理后的 HL-60 细胞系的细胞质黏度略高。白细胞的力学特性由细胞膜张力与细胞质黏度共同决定,之前的研究介绍了 fMLP 处理后白细胞的形变量下降,但并未明确指出 fMLP 引起的细胞形变量的变化是发生在细胞膜或是细胞质。在本章的结果中,经过 fMLP 处理后的 HL-60 细胞系的细胞质黏度略高,但 fMLP 引起的细胞质黏度变化有限,所以我们推测 fMLP 很有可能同时引起细胞膜张力的变化,从而导致了之前内容介绍的白细胞形变能力的显著降低。

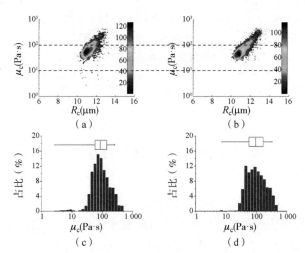

图 8.4 细胞系 HL-60 与 fMLP 处理后 HL-60 测量结果

(a)HL-60 细胞系、(b)fMLP 处理的 HL-60 细胞系的细胞质黏度 μ_c 与细胞半径 R_c 散点图;

(c)HL-60 细胞系、(d)fMLP 处理的 HL-60 细胞系的细胞质黏度 μ_c 分布图

本章还对三个健康人的粒细胞的细胞质黏度进行了检测,如图 8.5(a)与(b)分别为志愿者 Ⅰ 与 Ⅱ 的粒细胞的细胞质黏度 μ_c 与细胞半径 R_c 的散点图,志愿者 Ⅰ(n_{cell}＝1 388)的 μ_c 为 11.3±5.3 Pa・s,R_c 为 4.4±0.2 μm,志愿者 Ⅱ(n_{cell}＝1 533)的 μ_c 为 9.9±4.6 Pa・s,R_c 为 4.6±0.1 μm。在此获得了上千个人体粒细胞的细胞质黏度数据,并且两个志愿者的测量结果接近。如图 8.5(d)与(e)分别为志愿者 Ⅰ 与 Ⅱ 的粒细胞的细胞质黏度 μ_c 的分布图,两组数据的三个四分位的值分别为 Q_1 为 7.5 Pa・s 与 6.5 Pa・s,Q_2 为 10.2 Pa・s 与 9.0 Pa・s,Q_3 为

13.8 Pa·s 与 12.5 Pa·s,这一结果再次说明两个志愿者的粒细胞的细胞质黏度测量结果一致。志愿者 Ⅲ 的粒细胞的细胞质黏度 μ_c 与细胞半径 R_c 的散点图如图 8.5(c)所示,其 μ_c(n_{cell}=1 137)均值为 20.2±11.3 Pa·s,其分布图如图 8.5(d)所示,Q_1 为 12.1 Pa·s,Q_2 为 17.5 Pa·s,Q_3 为 26.7 Pa·s,相比于前两个志愿者,志愿者 Ⅲ 的黏度更高,而志愿者 Ⅲ 刚从炎症中恢复,推测这种炎症可以使粒细胞的细胞质黏度增高。

通过对各组实验进行统计,得到本方法的检测通量可达到 10 个/秒,相比基于"一字形"压缩通道的方法通量提升了 10 倍。

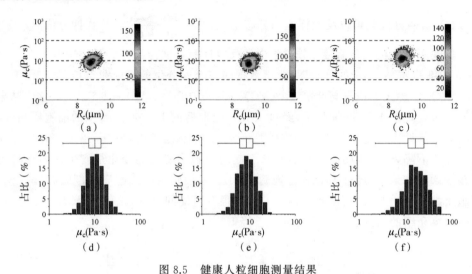

图 8.5　健康人粒细胞测量结果

(a)(c)为志愿者 Ⅰ;(b)志愿者 Ⅱ;(c)志愿者 Ⅲ 的粒细胞 μ_c 与 R_c 散点图;
(d)~(f)为志愿者 Ⅰ、志愿者 Ⅱ、志愿者 Ⅲ 的粒细胞 μ_c 分布图

8.6　本章小结

本章介绍了基于"十字形"压缩通道的单细胞力学特性高通量检测方法,提出了细胞通过"十字形"压缩通道的等效力学模型,实现了单细胞细胞质黏度的高通量检测,获得了数千个单细胞的细胞质黏度数据:111.3±80.3 Pa·s(HL-60 细胞,n_{cell}=1 353),125.0±92.4 Pa·s(fMLP 处理的 HL-60 细胞,n_{cell}=2 287)的 μ_c 为,11.3±5.3 Pa·s(志愿者 Ⅰ 粒细胞,n_{cell}=1 388),9.9±4.6 Pa·s(志愿者 Ⅱ 粒细胞,n_{cell}=1 533)20.2±11.3 Pa·s(志愿者 Ⅲ 粒细胞,n_{cell}=1 137),为后续单细胞质黏度研究提供数据参考。

第 9 章

"十字形"压缩通道用于单细胞电学特性检测

基于微流控技术的"一字形"压缩通道通过对流体的控制,使细胞源源不断地流入检测区域,实现了检测通量 1 个/秒,可获得数百个细胞的电学特性参数,然而,由于其结构与模型的限制,难以满足更高通量的需求。

本章研究基于"十字形"压缩通道的单细胞电学特性高通量检测方法,可以得到单细胞的细胞膜比电容、细胞质电导率参数,提出了细胞通过"十字形"压缩通道的等效电学模型,解决了高速流动中单细胞膜比电容、细胞质电导率的测量问题,获得了数十万个单细胞膜比电容与细胞质电导率数据,区分了不同种类与状态的细胞。

9.1 单细胞电学特性高通量检测原理与方法

在单细胞电学特性检测领域,常见的做法是给细胞施加电学激励后,采集细胞在激励下的电学响应。电极的位置与检测核心通道的结构共同决定了细胞到达检测区域时电流的分布情况。单细胞固有电学参数获得的前提条件是需要明确电流在穿过细胞时的分布情况,只有清楚地知道电流是如何穿过细胞的,才能够建立单细胞等效电学模型,再结合细胞的尺寸,才可以计算出与尺寸无关的反映其本征属性的单细胞固有电学特性参数(如细胞膜比电容、细胞质电导率、细胞膜介电常数等[153])。

膜片钳法是一种常规的单细胞电学特性检测方法,该方法使用微吸管吸引细胞,微吸管口部直径小于细胞直径,使得微吸管口部与细胞膜形成紧密地接触,即形成高阻抗封接,高阻抗封接使得吸入微吸管口部的这一小块细胞膜能够与周围的细胞膜形成电学上的完全隔离,从而使电流全部穿过这一小块细胞膜,由于电流的分布情况已知,因此电学模型得以建立,而此块细胞膜面积就等于微吸管口的面积,由此可以计算出细胞膜比电容参数[52,54]。然而由于高阻抗封接的形成是一个复杂且耗时的过程,该方法的检测通量低,如已介绍的中性粒细胞的膜电容的检测数目仅有 10 个左右[65]。

基于流式细胞术的方法中,微流道的横截面积大于细胞横截面积,细胞在微流道内高速流动,当细胞经过电学检测区域时会引起阻抗的变化,由此可以得到细胞的阻抗数据。该方法的检测通量高,可以根据阻抗的幅值相位信息区分不同种类的或不同尺寸的细胞[154,155]。然而,由于微流道的尺寸比细胞大,细胞到达检测区域时,电流一部分经由细胞穿行,另一部分直接在溶液中穿行,也就是说,检测区域内的电流分布情况复杂,因此难以建立等效电学模型,即使该方法可以得到细胞的尺寸信息,也无法得到反应细胞本征电学特性的参数。

在基于"一字形"压缩通道的单细胞电学特性检测方法中,电学检测区域为整个压缩通道,电流全部经压缩通道穿行。当细胞进入压缩通道之后,由于压缩通道的挤压作用使得其与细胞之间形成紧密的贴合,从而使得电流全部穿过细胞,由此可以建立一个单细胞等效的电学模型,再结合细胞的尺寸,最终可以得到与细胞尺寸无关的固有电学特性参数,即细胞膜比电容与细胞质电导率。该方法的检测通量达到 1 个/秒。

然而基于"一字形"压缩通道的单细胞电学特性检测方法仍然难以满足对更高通量的检测需求。其通量的限制因素有两个:①为了获得高通量,细胞需要高速通过检测区域,这时,非常容易出现多个细胞同时处于压缩通道中的情况,由于电学检测区域为整个"一字形"压缩通道,而电学模型为单细胞模型,这将导致实际电路情况与电学模型不相符,电学模型不再适用;②烦琐的图像采集与处理过程限制了检测通量,在"一字形"压缩通道方法中需要利用图像得到细胞的尺寸信息,细胞尺寸与电学信号一起代入模型计算才能够得到最终的电学特性参数。图像数据的采集与分析是非常烦琐的过程,所以更高通量方法的实现需要突破图像采集与分析的限制。

本章研究单细胞的细胞膜比电容与细胞质电导率高通量检测方法,并利用建立的方法获得大量单细胞的细胞膜比电容与细胞质电导率参数。鉴于在单细胞电学特性检测时,压缩通道可以对细胞进行压缩,使电流全部经由细胞流过,便于等效电学模型的建立,所以本章仍采用压缩通道来实现细胞电学特性高通量检测。根据以上分析可知,若要实现单细胞电学特性高通量检测,就需要设计新的通道结构,使得电学检测区域被严格限定在小于细胞拉伸长度(在压缩通道中)的区域内,这样,在多个细胞同时进入压缩通道时仍可以实现测量功能。也就是说,细胞在高速流动中仍能够实现电学测量功能。电学检测区域被限定后,由于电学检测区域的尺寸已知,被检测部分的细胞尺寸已知,因此无须再通过图像采集得到细胞的尺寸信息,将采集到的细胞阻抗信息直接结合一个等效电学模型就可以得到细胞膜比电容与细胞质电导率参数,从而省去图像采集与处理的烦琐过程。

9.2　压缩通道结构与关键尺寸

9.2.1　压缩通道结构

为了解决细胞高速流动中电学测量无法实现的问题,由之前的分析可以知道,需要对压缩通道的结构进行重新设计,从而使得电学检测区域被严格限定在小于细胞拉伸长度(在压缩通道中)的区域内,这样在细胞高速流动中仍可以实现测量功能。为了解决这个问题,在新的设计中,我们改变电流方向与细胞的运动方向一致的做法,而采用电流方向与细胞运动方向垂直的方式进行电学检测,通过对电流流经宽度进行限定,从而对电学检测区域进行限定,以解决细胞高速流动中电学特性无法测量的问题。

如图 9.1(a)、(b)所示,新的电学检测压缩通道为"十字形"结构,压缩通道由主通道与侧通道构成,细胞在主通道内高速流动,侧通道与主通道垂直,用于检测单细胞电学特性参数,侧通道的宽度明显小于细胞的拉伸长度,这样电学检测区域被限定为"十字形"压缩通道的交叉区域,电学检测区域尺寸已知。在检测中,单细胞在负压的吸引下连续地流入主通道中,当经过"十字形"压缩通道的交叉位置时,由于压缩通道的挤压作用形成了对电学检测区域的有效填充,从而使得由侧通道来的电流全部从细胞中穿过,据此可以建立一个等效电学模型,由于电流穿过细胞的尺寸即为"十字形"压缩通道交叉区域的尺寸,无须测量细胞的尺寸就可以得到与细胞尺寸无关的固有电学特性参数,从而实现了免图像电学检测。这一设计与膜片钳中的高阻抗封接的作用类似,侧通道口就相当于膜片钳中的微吸管口,侧通道的设计将细胞处于电学检测区域的部分与其他部分分离开,而实现了对已知尺寸的部分细胞的电学检测,从而达到了免图像的目的。

另外,为了避免大的细胞团或杂质对压缩通道的阻塞,在本章中采用入口通道增加入口支路通道的方案,两通道连接处与"十字形"压缩通道入口相连,细胞从入口通道流入而流向入口支路通道,当细胞经过"十字形"压缩通道时被负压吸引进入压缩通道,对于大细胞团或杂质可用正向压力将其从"十字形"压缩通道推出,使其从入口支路通道排出,避免其妨碍新的细胞从入口通道流入"十字形"压缩通道,如图 9.1(a)所示。这样的方式有效地解决了压缩通道的阻塞问题,有助于实际提升实际检测样本量。考虑到细胞在较大的压强下高速运动易破损的问题,在主通道入口处设计了逐渐收缩的结构,这一设计旨在使细胞发生逐渐形变,从而减少细胞破损的发生。

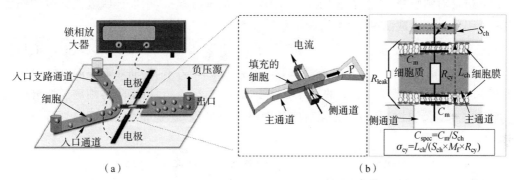

图 9.1　基于"十字形"压缩通道的单细胞电学特性高通量检测方法原理图
(a)微流控芯片结构与操作;(b)电学模型

9.2.2　压缩通道关键尺寸

本章采用肿瘤细胞作为待测细胞,预先对待测细胞尺寸进行了测量,得知肿瘤细胞直径在 $15\ \mu m$ 左右。

在本章中,"十字形"压缩通道中的主通道一方面需要对细胞进行适当的压缩,同时要保证细胞在不破损的情况下连续、高速地通过"十字形"压缩通道,最终确定的主通道尺寸为 $10\ \mu m \times 12\ \mu m (H \times W)$。侧通道的横截面积需要小于主通道的横截面积,否则细胞极容易从侧通道飞出而不沿着主通道方向运动,在此将侧通道宽度设置为主通道宽度的一半,即侧通道尺寸为 $10\ \mu m \times 6\ \mu m (H \times W)$。

9.3　细胞等效电学模型建立与电学测量方法

9.3.1　电学仿真与电学模型建立

"十字形"压缩通道结构确定后,可以结合压缩通道的结构来建立细胞等效电学模型。细胞位于主通道与侧通道交叉位置时,侧通道两端的电极测量其电学信号,电学检测区域仅为主通道与侧通道的交叉区域,电学检测区域的部分细胞的电学模型可以等效为电容-电阻-电容模型,如图 9.1(b)所示,模型由细胞膜电容 C_m、细胞质电阻 R_{cy}、漏电阻 R_{leak} 通过串并联组成。模型中的 R_{leak} 用来评估细胞对于"十字形"压缩通道填充的紧密程度。

实际的测量过程中,由于细胞与压缩通道壁形成了非常紧密的贴合,电学检测区域内电流穿过细胞膜的面积为侧通道的横截面积 S_{ch},电流穿过细胞膜之后会发生外扩,使电流穿过细胞质的横截面积扩大为 $M_f \cdot S_{ch}$,M_f 为电导率求解过程中的电阻修正系数。这里利用二维平面的数值仿真对细胞处于"十字形"压缩通道中的情况进行模拟,用以证明电流穿过的细胞膜面积等于侧通道的横截面积(S_{ch}),并得到修正系数 M_f。

如图 9.2(a)所示,数值仿真模拟了细胞处于"十字形"压缩通道的十字区域时的电场分布情况。表 9.1 总结了仿真中设置的关键参数。在这一仿真当中,压缩通道中的细胞膜用一个厚度为 $0.5~\mu m$ 介电常数为 1 000 的长方形表示,如图 9.2(b)所示,这里将细胞膜厚度设置为实际厚度的 100 倍,目的是为了方便后续的网格划分步骤,避免尺寸太小网格划分数量受到限制。

由仿真结果可以看出〔图 9.2(c)〕,电流沿着侧通道方向流动,直到其经过主通道与侧通道的交界处时才发生外扩。那么,细胞膜上电流流经的面积即为侧通道的横截面积,由此可以得到细胞膜比电容 C_{spec} 的计算公式为

$$C_{spec} = \frac{C_m}{S_{ch}} \tag{9.1}$$

式中,C_m 为电学检测区域的细胞膜电容,可以由电学测量的阻抗经过计算得到;S_{ch} 为侧通道横截面积。

细胞质电导率计算过程中,首先通过仿真得到侧通道中电流大小与"十字形"压缩通道交叉区域电流大小。根据仿真结果可以得到通道中电流密度的分布,在侧通道宽度上积分可以得到侧通道内的电流大小。在主通道中取 11 个垂直于侧通道方向的平面〔图 9.2(c)中的红线为 11 个平面中的一个〕,11 个平面上的电流分布情况各不相同,如图 9.2(d)所示,在这 11 个平面上分别对侧通道宽度积分求平均后可以得到"十字形"压缩通道交叉区域的等效电流大小。需要说明的是,之所以在主通道中取 11 个平面,是因为当在 11 的基础上继续增加主通道中的平面数量时,求得的"十字形"压缩通道交叉区域电流大小不变,故此处以数目为 11 时的数据得到最终电导率的计算公式。

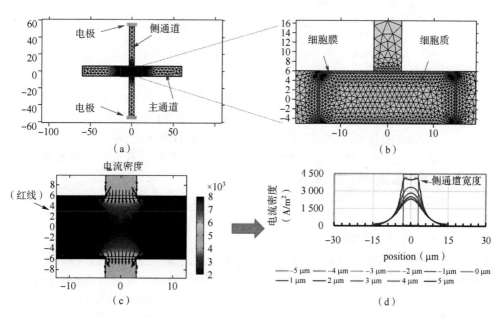

图 9.2 "十字形"压缩通道电学仿真

(a)"十字形"压缩通道的平面数值仿真模型;(b)长方形代表了被拉伸的细胞;(c)100 kHz 时的仿真电流密度,
箭头代表总电流方向;(d)主压缩通道内沿着不同水平线的电流密度分布(如(c)图中的红线)

表 9.1 "十字形"压缩通道单细胞电学检测方法数值仿真关键参数

参数	值
主压缩通道长度	120 μm
主压缩通道宽度	12 μm
侧压缩通道长度	112 μm
侧压缩通道宽度	6 μm
细胞膜厚度	0.5 μm
细胞拉伸长度	30 μm
细胞培养液电导率	1 S/m
细胞质电导率	0.2 S/m
细胞膜相对介电常数	1 000
细胞膜电导率	0 S/m
细胞质相对介电常数	80
细胞培养液相对介电常数	80
电压	1 V @100 kHz

　　仿真得到侧通道内的电流大小与"十字形"压缩通道交叉区域等效电流大小后,结合理论推导过程得到细胞质电导率,理论推导过程如下:

$$I_{cr} = \frac{1}{N} \sum_{n=1}^{N} \int_{-0.5w_{ch}}^{0.5w_{ch}} j_n(w) \, dw \qquad (9.2)$$

$$I_{cr} \cdot R_{cr} = I_{side} \cdot R_{cy} \qquad (9.3)$$

$$R_{cr} = R_{cy} M_f \qquad (9.4)$$

式中,I_{cr}是交叉长方形区域流过电流值,$j_n(w)$为第 n 个平面上的电流密度(在二维情况下 j_n 为电流线密度),N 为总平面数(此处取11),w_{ch} 为侧通道宽度(在二维情况下侧通道横截面积 S_{ch} 即为 w_{ch}),M_f 为电阻修正系数,R_{cr} 为交叉长方形区域的阻抗值,R_{cy} 可以由电学测量的阻抗经过计算得到,I_{side} 为流过侧通道的总电流,结合仿真结果得到本章中参数条件下的 M_f 数值为1.2。因此待求得的细胞质的电导率 σ_{cy} 为

$$\sigma_{cy} = \frac{L_{ch}}{R_{cr} \cdot S_{ch}} = \frac{L_{ch}}{R_{cy} \cdot M_f \cdot S_{ch}} \qquad (9.5)$$

式中,L_{ch} 为主通道宽度,S_{ch} 为侧通道横截面积。

至此,得到了细胞膜比电容 C_{spec}、细胞质电导率 σ_{cy} 的求解关系式(9.1)与式(9.5)。将高频信号下的阻抗数据,结合该模型,可以得到细胞在"十字形"压缩通道中的等效膜电容 C_m、细胞质电阻 R_{cy}。

9.3.2　电学检测方法

(1)电学采集参数。为保证不损伤细胞,实验中采用了 0.5 V 的电压信号,已知待测的细胞阻抗在兆欧量级[134,135],如此大的阻抗值对于电学采集设备的抗噪能力与灵敏度都提出了很高的要求。由于锁相放大器具有抗干扰能力强且对小信号敏感的特点,实际的实验过程中采用锁相放大器作为阻抗的采集设备。为满足细胞膜比电容与细胞质电导率两个参数的同时检测,使用了双频信号叠加后再单独求解的方式来进行电学检测,实验中除将锁相放大器作为一个信号源外,还使用函数发生器作为另一个信号源,从而实现了双频电压信号的输出与阻抗的采集。

检测电路中输出的高频电压 U_o 由锁相放大器与函数发生器产生的两路信号经加法器叠加后产生,高频电压 U_o 加载在待测阻抗 Z_d 上,之后由锁相放大器采集电压 U_i,电路中 Z_d 与 $R_i//C_i//C_{p2}$ 为串联关系,其中 $R_i//C_i$ 为锁相放大器的输入阻抗,数值为 10 MΩ//25 pF,C_i、C_{p2} 分别为输入、输出导线的电容值,数值为 100 pF,经电路分析可知这里采集到的输入电压 U_i 是 Z_d 与 $R_i//C_i//C_{p2}$ 分压的结果。

电路搭建完成后需要结合电路参数对输出的两个叠加频率进行确定。细胞膜比电容约为 1 μF/cm^2,细胞质电导率约为 0.1 S/m(经文献调研得知)[156],结合细胞等效电学模型与设计的"十字形"通道特征尺寸参数可估算待测细胞质电阻数值在 1 MΩ 量级,细胞膜电容数值在 1 pF 量级,为保证对细胞膜电容与细胞质电导率两个参数的同时测量,测量频率的选择需要使细胞膜与细胞质阻抗数值接近,又考虑到倍频信号可能出现相互干扰的问题,实验中最终选定的两频率为 100 kHz 与 250 kHz,其中 100 kHz 高频信号由函数发生器的振荡器 AC$_1$ 产生,250 kHz 高频信号由锁相放大器振荡器 AC$_2$ 产生。

(2)电极与电极通道。实验中的电极与"十字形"压缩通道的侧通道相连,侧通道中的导电培养基相当于液体电极可以与细胞形成紧密接触,其电导率约为 1 S/m,无细胞时电路检测到的阻抗 Z_{d-base} 决定于侧通道与电极之间溶液阻抗,细胞出现时的阻抗 Z_{d-cell} 决定于细胞等效阻抗与侧通道与电极之间溶液阻抗的串联值。为保证测量的系统的敏感度,我们希望 Z_{d-base}

尽可能小,从而使$(\mid Z_{\text{d-cell}}\mid - \mid Z_{\text{d-base}}\mid)/\mid Z_{\text{d-base}}\mid$尽可能地大。为了减小$Z_{\text{d-base}}$,本章不再使用插入式电极来进行电学检测,而采用片上电极进行测量,由于片上电极由微纳加工工艺制备,可以实现更小的电极间距。考虑后期的电极与 PDMS 弹性体对准键合的可行性,本章中将两电极间距离设计为 300 μm。

9.4　基于"十字形"压缩通道的单细胞电学特性高通量检测方法实现

9.4.1　方法概述

实验中,细胞从微流控芯片的入口通道流入,在负压的作用下细胞进入"十字形"的压缩通道,如图 9.1(a)所示,"十字形"压缩通道由主通道与侧通道构成,两者垂直相交,主通道与侧通道的交叉区域为电学检测区域,单细胞在负压的吸引下连续地流入主通道中,当其经过检测区域时会引起阻抗的变化,阻抗变化由所选放大器采集,再结合一个等效电学模型,如图 9.1(c)所示,最终可以得到细胞膜比电容 C_{spec} 与细胞质电导率 σ_{cy} 参数。

9.4.2　材料与设备

除非特别说明,所有的细胞处理相关试剂均购置于 Life Technologies Corporation(美国),包括细胞培养液(RPMI-1640)、胎牛血清(Fetal Bovine Serum),青霉素-链霉素双抗(Penicillin-Streptomycin),磷酸盐缓冲液(Phosphate Buffer Saline),用于皮-间质细胞转化的 Transforming Growth Factor-beta。细胞系购置于国家实验细胞共享资源平台。

微流控芯片制备材料有 SU-8 光刻胶(Micro Chem Corporation,美国)、AZ 系列光刻胶(Micro Chemicals,德国)、184 硅橡胶 PDMS(Dow Corning Corporation,美国)。

压力控制器 Pace 5000(GE Druck,美国)用于驱动细胞核进入压缩通道,锁相放大器 7270 DSP(AMETEK,美国)用于电学信号发生与采集。

9.4.3　细胞处理

本章对不同种的肿瘤细胞进行电学特性检测,用以探究不同种细胞电学特性的差异,选择的不同种细胞为人肺癌细胞系 A549 与 H1299。

同时对不同状态的细胞进行电学特性检测,用以探究不同种细胞状态在电学特性方面的差异。TGF-β 为一种转化因子,用于调节细胞的生长与分化,可使细胞发生上皮间质转化(EMT)。贴壁细胞经过 TGF-β 处理之后,会发生由平铺到拉长的形态变化[157],此变化可以通过显微镜下观察发现,用以确认被处理的细胞已发生 EMT 转化。所以本章采用所提出的单细胞电学特性高通量检测方法对 A549 与 A549 EMT 细胞进行电学特性检测,用于探究细胞发生上皮间质转化前后的单细胞电学特性差异。

肺癌细胞系 A549 与 H1299 培养在 37 ℃、5％的 CO_2 浓度、10％(体积比)的胎牛血清、1％(体积比)青霉素-链霉素双抗的 RPMI-1640 培养基当中。宫颈癌 Hela 细胞系培养在

37 ℃、5％的CO_2浓度、10％（体积比）的胎牛血清、1％（体积比）青霉素-链霉素的 DMEM 培养基中。

细胞系 A549 的上皮-间质细胞转化实验操作如下，A549 细胞接种在含 10％（体积比）胎牛血清、1％（体积比）青霉素-链霉素的 RPMI-1640 培养基当中。24 h 后形成对培养瓶约 60％的覆盖，这时将培养基替换为含 0.25％胎牛血清、1％（体积比）青霉素-链霉素双抗的 RPMI-1640 培养基，之后进行 24 h 的饥饿处理。将培养液更换为 TGF-β浓度 10 ng/mL、胎牛血清0.25％的 RPMI-1640 培养基当中，经过 48 h 完成上皮间质（EMT）细胞转化。

9.4.4　微流控芯片工艺实现

在本章先制备 PDMS 弹性体，之后用剥离工艺在玻璃片上制备片上电极，最后将 PDMS 弹性体与含有片上电极的玻璃片进行键合，最后得到用于实验的微流控芯片。

PDMS 弹性体制备过程参照第 3 章，PDMS 弹性体固化完成后从模具中剥离，打孔形成细胞入口与出口，备用。

本章利用剥离工艺制作具有片上电极的玻璃片。①在洁净的玻璃片上旋涂厚度为 1 μm 的 AZ1500 光刻胶，转速 250 rmp，时间 60 s；②前烘，100 ℃ 温度下烘 90 s；③曝光，曝光时间 6 s；④显影，时间约 50 s，得到有光刻胶图形的玻璃片；⑤在得到的玻璃片上依次溅射 30 nm 厚的铬（Cr）和 150 nm 厚的金（Au）；⑥剥离，使用丙酮超声，光刻胶上覆盖的金属被剥离，至此得到了具有片上电极的芯片基片。

将 PDMS 弹性体与具有片上电极的玻璃片进行等离子体处理，经过对准键合后就得到了内有"十字形"压缩通道的微流控芯片。"十字形"压缩通道中的主通道尺寸为 10 μm × 12 μm（$H \times W$）、侧通道尺寸为 10 μm × 6 μm（$H \times W$），主通道用于细胞流动、侧通道用于细胞阻抗测量。

9.4.5　数据采集及处理

先使用培养基将微流控器件内的气体排出，避免后续实验过程中气泡对细胞测量的影响。之后在芯片入口处加入浓度为 $3 \sim 5 \times 10^6$ 个/毫升的细胞悬液，细胞在重力作用下会由入口通道流向支路通道，当细胞经过"十字形"压缩通道时，会在压力控制器产生的 −20 kPa 的压强作用下连续进入并通过"十字形"压缩通道的主通道。在此过程中，侧通道两端的电极给细胞施加 100 kHz＋250 kHz 的双频信号，并由锁相放大器将阻抗信号进行采集。

无细胞时测量的阻抗由侧通道决定，细胞在"十字形"压缩通道中的阻抗由侧通道、处于电学检测区域的细胞膜电容 C_m 与细胞质电阻 R_{cy} 共同决定，结合建立的等效电学模型，可由采集到的阻抗值计算出细胞膜电容 C_m 与细胞质电阻 R_{cy}，同时可以得到细胞通过时间（峰值信号宽度）、填充率（反应细胞处于十字区域时对于十字区域的填充情况[144]，在电学模型中用 R_{leak} 反应）。在实际的数据处理过程当中，对于通过时间小于 0.1 ms 或填充率低于 80％的信号进行了剔除，因为实验中发现这类信号很可能由于细胞碎屑引起而非细胞通过引起。

接下来将 C_m 与 R_{cy} 进行尺寸无关化处理，即结合式（9.1）与和式（9.5），就可以得到最终的单细胞固有电学特性参数 C_{spec} 与 σ_{cy}。

另外，在本章还采用了一个三层（一个输入层、一个隐含层与一个输出层）的人工神经网络模型（MATLAB R2016a，mathwork），将该模型结合本实验中得到的参数来进行细胞种类区分。具体地,将 C_{spec} 与 σ_{cy} 分别或一起作为人工神经网络的输入数据输送到模型中去,之后,该模型将 70% 的数据作为训练集从而得到用于细胞分类的人工神经网络,再将数据的另外 30% 作为验证集,根据两个集的分类成功率综合得到该网络的分类成功率,即两种细胞的区分度,得到的细胞区分度可以说明细胞的电学特性在细胞区分领域的有效性。此外,T-检验用于进一步论证不同种细胞的区分度,其中 $p < 0.001$(图中以 * 表示)时认为有显著区分性。

9.5 结果与分析

在数千赫兹的频率条件下,细胞通过"十字形"压缩通道时会引起阻抗幅值上升(向上尖峰)、相位下降(向下尖峰),如图 9.3(a)所示为细胞通过过程阻抗变化,图中,蓝色线为 100 kHz 的阻抗的幅值与相位随时间的变化图,红色线为 250 kHz 的阻抗的幅值与相位随时间的变化图,从图中可以看出,100 kHz 频率无细胞时阻抗幅值约为 1.6 MΩ、相位约为 $-10°$,当细胞通过时会引起阻抗的变化,细胞通过时阻抗幅值约为 2.2 MΩ、相位约为 $-30°$;250 kHz 频率下无细胞时阻抗幅值约为 1.5 MΩ、相位约为 $-30°$,当细胞通过时会引起阻抗的变化,细胞通过时阻抗幅值约为 1.7 MΩ、相位约为 $-40°$,这符合设计中的预期效果。

将测得的阻抗数据结合等效电路模型可以得到穿行时间、填充率、细胞的膜电容 C_m、细胞质电阻 R_{cy} 四个参数,如图 9.3(b)、(c)所示。穿行时间指的是细胞穿过"十字形"压缩通道交叉区域的时间,通过细胞通过压缩通道时的阻抗信号的宽度得到,实验表明绝大多数的细胞穿行时间落在范围 0.1~10 ms 这一范围内,由此一参数可以估算本方法的检测通量在 100~10 000 个/秒。填充率由细胞漏电阻 R_{leak} 得到,且填充率的上升意味着漏电流的下降。如图 9.3(b)所示,本章内容的填充率绝大多数处于 80%~100% 的范围内。实验过程中发现,若填充率过低,这一阻抗变化极有可能由细胞碎屑引起而不是由细胞穿行引起,实际数据处理过程中对填充率小于 80% 的这一少部分的数据进行了剔除。

细胞膜电容 C_m 代表了"十字形"压缩通道口部的、填充侧通道部分的细胞膜电容值,经过式(9.1)计算后得到细胞膜比电容 C_{spec},细胞质电阻 R_{cy},经过式(9.5)计算后得到细胞质电导率 σ_{cy}。

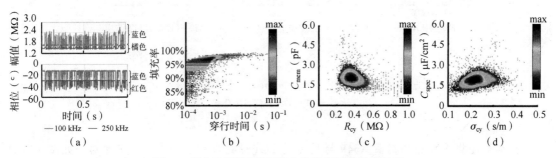

图 9.3 "十字形"压缩通道电学检测原始数据结果

(a)测得的阻抗原始数据;(b)原始数据处理后得到的细胞穿行时间与填充率;(c)细胞膜电容 C_m 与细胞质电阻 R_{cy};(d)细胞质膜比电容 C_{spec} 与细胞质电导率 σ_{cy}

图 9.4(a)、(b)、(c)和(d)分别为肺癌细胞系 H1299 与宫颈癌细胞系 HeLa 的散点图、柱

状图、分布图与人工神经网络区分结果,肺癌细胞系 H1299(n_{cell}=～100 000)与宫颈癌细胞系 Hela(n_{cell}=～60 000)的 C_{spec} 的分别为 1.32±0.58 $\mu F/cm^2$ 和 2.33±0.60 $\mu F/cm^2$,细胞质电导率 σ_{cy} 的分别为 0.27±0.08 S/m 和 0.19±0.05 S/m。肺癌细胞系 H1299 与 HeLa 在 C_{cm} 和 σ_{cy} 上都存在显著性差异(p<0.001),这说明了细胞电学特性可用于细胞种类的区分。细胞系 H1299 与 Hela 的 C_{spec} 值分别集中在 1.0～1.2 $\mu F/cm^2$ 与 2.2～2.4 $\mu F/cm^2$ 的范围,σ_{cy} 分别集中在 0.24～0.26 S/m 与 0.16～0.18 S/m 的范围。人工神经网络分析的结果显示,只用 C_{spec} 作为输入的区分度在 89.1%,只用 σ_{cy} 作为输入的区分度为 81.2%,C_{spec} 与 σ_{cy} 一起作为输入的区分度为 90.9%。由结果可以看出,将两个参数 C_{spec} 和 σ_{cy} 一起用作细胞区分的区分度高于任意一个参数单独的效果,这说明多参数电学特性检测对于细胞分类有很重要的意义。

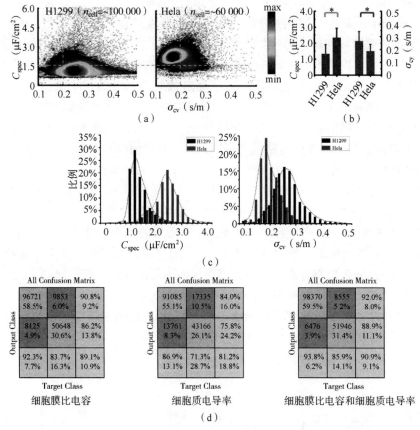

图 9.4　H1299 与 HeLa 细胞系的检测结果

(a)C_{spec} 与 σ_{cy} 散点图、(b)柱状图,* 代表在 p<0.001 时具有显著性差异;(c)C_{spec} 与 σ_{cy} 的分布图;
(d) 各组人工神经网络区分度

在本章还将人肺癌细胞系 A549 与其经过 TGF-β 处理后的结果进行了比对。如图 9.5(a) 所示为 A549 细胞经过 TGF-β 处理后形成 EMT 细胞的显微镜图片,从图片中可以看出药物处理后的细胞发生了明显的形态差异,说明了细胞成功由上皮转化为间质状态[157]。如图 9.5(b)、(c)、(d)与(e)分别为两组细胞的散点图、柱状图、分布图与人工神经网络区分结果,A549 细胞(n_{cell}=～100 000)与 TGF-β 处理后形成 EMT-A549 细胞(n_{cell}=～230 000)的 C_{spec} 的检测结果分别为 1.86±0.45 $\mu F/cm^2$ 和 1.59±0.41 $\mu F/cm^2$,细胞质电导率 σ_{cy} 的检测结果为

0.22 ± 0.06 S/m 和 0.19 ± 0.05 S/m。结果显示细胞发生上皮间质转化之后，C_{spec} 和 σ_{cy} 都发生了下降。而且在 C_{spec} 和 σ_{cy} 上都存在显著性差异（$p<0.001$），这说明了细胞电学特性可用于细胞状态的评估。两种细胞系 H1299 与 Hela 的 C_{spec} 值分别集中在 $1.8\sim2.0$ μF/cm^2 与 $1.4\sim1.6$ μF/cm^2 的范围，σ_{cy} 集中在 $0.22\sim0.24$ S/m 与 $0.16\sim0.18$ S/m 的范围。人工神经网络分析的结果显示，只用 C_{spec} 作为输入的区分度在 71.7%，只用 σ_{cy} 作为输入的区分度为 74.2%，C_{spec} 与 σ_{cy} 一起作为输入的区分度为 76.5%。由结果可以看出，将两个参数 C_{spec} 与 σ_{cy} 一起用作细胞区分的区分度高于任意一个参数单独的效果，再次说明多参数电学特性检测的意义。另外，C_{spec} 作为人工神经网络输入的区分度低于 σ_{cy} 作为人工神经网络输入的区分度，这说明相比于细胞膜发生的改变，TGF-β 处理后的 EMT-A549 细胞质发生了更多改变。

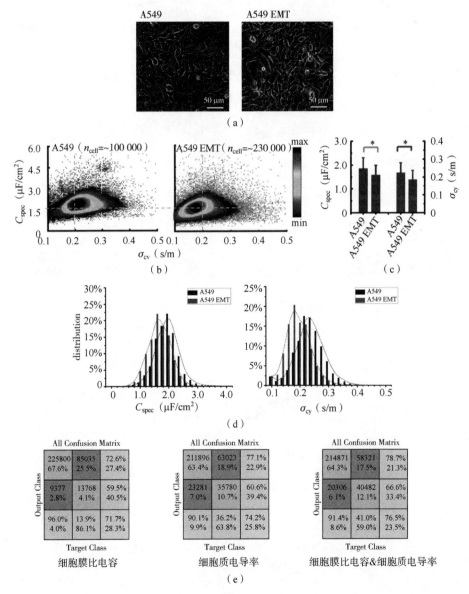

图 9.5 A549 与 TGF-β 处理的 A549 细胞系检测结果

(a)A549 与 TGF-β 处理的 A549 细胞图片，说明了 TGF-β 引起了细胞由平铺到拉长的形态学转变；(b) C_{spec} 与 σ_{cy} 散点图；(c)柱状图，* 代表在 $p<0.001$ 时具有显著性差异；(d)C_{spec} 与 σ_{cy} 的分布图；(e)各组人工神经网络区分度

通过对各组实验进行统计,得到本方法的检测通量可达到 100 个/秒,相比于基于"一字形"压缩通道的方法通量提升了 100 倍。

9.6　本章小结

本章介绍了基于"十字形"压缩通道的单细胞电学特性高通量检测方法[158],提出了细胞通过"十字形"压缩通道的等效电学模型,实现了单细胞膜比电容、细胞质电导率的高通量检测,获得了数十万个单细胞膜比电容与细胞质电导率数据:1.32 ± 0.58 $\mu F/cm^2$ 和 0.27 ± 0.08 S/m(H1299 细胞,$n_{cell} = \sim 100\,000$),2.33 ± 0.60 $\mu F/cm^2$ 和 0.19 ± 0.05 S/m(Hela 细胞,$n_{cell} = \sim 60\,000$),1.86 ± 0.45 $\mu F/cm^2$ 和 0.22 ± 0.06 S/m(A549 细胞,$n_{cell} = \sim 100\,000$),1.59 ± 0.41 $\mu F/cm^2$ 和 0.19 ± 0.05 S/m(TGF-β 处理的 A549 细胞,$n_{cell} = \sim 230\,000$),对不同种类与状态的细胞区分度分别为:90.9%(H1299 vs. Hela)和 76.5%(A549 vs. TGF-β 处理的 A549)。

第 10 章

其他基于微流控技术的单细胞力学与电学检测技术

10.1 微流控技术与单细胞力学特性检测

微流控技术是指在微观尺度下对少量流体进行操作、控制的技术,由于其特征尺寸与细胞尺寸接近,非常适合于单细胞检测。近年来,在微流控技术的推动下,单细胞力学特性检测实现了检测通量的提升,其中的几个代表方法主要是基于光拉伸、流体挤压和压缩通道挤压的原理[36,159,160]。

2003 年,美国华盛顿大学 Daniel T. Chiu 的[161]采用微流控芯片内构建的压缩通道,结合高速成像技术,用于测量细胞通过压缩通道的时间,用这一时间来表征单个细胞的力学特性差异,如图 10.1 所示为压缩通道用于测量单细胞通过时间来表征其力学特性。采用这种方法,该团队对不同时期的感染疟原虫的红细胞与健康红细胞进行了测量,他们发现,健康红细胞的形变能力非常好,而感染疟疾的红细胞的变形能力随着寄生虫感染阶段的增加而降低。2008年,美国伯克利大学的 Daniel A Fletcher[162]采用并行的多个压缩通道对白细胞进行检测,发现了压缩通道在白细胞相关疾病的应用前景。在另一项研究中,不同恶性程度的乳腺癌细胞系(MCF-7 和 MCF-10A)也可以根据细胞进入压缩通道的时间进行区分,而穿行时间受到细胞恶性程度的影响不大[163]。

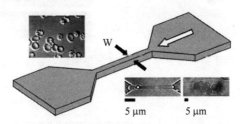

图 10.1　压缩通道用于测量单细胞通过时间来表征其力学特性

2005 年,英国剑桥大学的 Guck 教授[164]提出了一种基于光拉伸原理和微流控技术的测量细胞形变的方法,如图 10.2 所示。在微流控芯片内,流动的细胞在通过光学拉伸器发出的激光光束时,会受到光学拉伸而产生形变,这一形变可以反映细胞的力学特性。该方法实现了细胞形变量的高通量表征,并在实验中完成了对多种细胞样本的检测,其结果具有区分性。

图 10.2　基于光拉伸原理和微流控技术的测量细胞形变的方法

　　2011 年,乌克兰国立化工大学的 Lu Chang 团队发表了一项基于微流控与电穿孔技术的单细胞力学特性检测方法[165],如图 10.3 所示。电穿孔本来是一种将外源分子(例如 DNA 和蛋白)引入细胞的技术,磷脂双分子层的疏水/亲水界面的相对较弱的结合,电压可以暂时性的破坏细胞膜,允许极性分子通过,而磷脂双分子层受到轻微破坏后具有自发重组的能力,从而实现细胞膜的复原[166]。在基于微流控与电穿孔技术的单细胞力学特性检测的方法中,微通道两端被施加恒定的直流电压,这样,细胞在通过微通道时就处于均匀的电场中。当细胞通过微通道时会在电场力的作用下发生裂解,再结合高速成像技术,他们将记录下的裂解时间作为细胞力学特性指征参数,并通过这一参数对乳腺癌细胞系[165]和循环肿瘤细胞(CTC)的细胞核[167]的力学参数进行了表征。

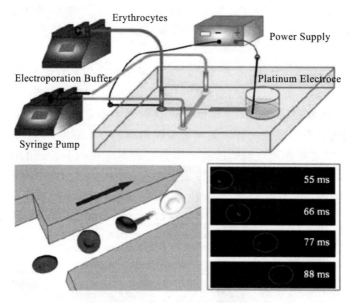

图 10.3　基于微流控与电穿孔技术的单细胞力学特性检测方法

　　基于微流控技术的流体挤压法单细胞力学特性检测方法如图 10.4 所示。

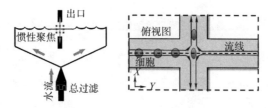

图 10.4　基于微流控技术的流体挤压法单细胞力学特性检测方法

2012 年,美国加利福尼亚大学的 Di Carlo[168,169]教授提出了基于流体挤压原理和微流控技术的压缩通道挤压法,如图 10.5 所示。在该方法中,设计的特殊结构使细胞在惯性的作用下保持在通道中心流动直至其达到交汇处,液体的对流给处于交汇处的细胞施加流体剪切力,使细胞受到流体挤压而发生形变,进而得到细胞的形变量这一力学参数。该方法实现了细胞形变量的高通量表征。

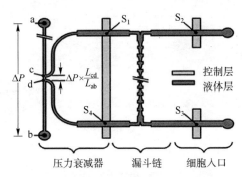

图 10.5 基于微流控技术的压缩通道挤压法

2012 年,英属哥伦比亚大学的 Ma 教授[170]提出基于压缩通道挤压原理与微流体技术的单细胞细胞膜表皮张力的检测方法,如图 10.6 所示。在该方法中,记录细胞通过级联的口径不同的漏斗形压缩通道的阈值压力,并结合其计算模型,可以得到细胞膜的表皮张力这一反映细胞固有力学特性的参数。但是,这种方法使用的压强小,检测通量低,仅介绍了几十个细胞的结果。

2014 年,一种基于压缩通道的单细胞杨氏模量表征方法被提出[91],如图 10.6 所示。该方法建立了黏弹性体二维力学模型,用于建立瞬时位移、失稳位移、瞬时杨氏模量、压强、通道尺寸、摩擦系数之间的关系[91]。相比于光拉伸与流体拉伸的方法,以及相比于光拉伸法与流体拉伸法而言,压缩通道使细胞发生的形变程度更明显,细胞的受力情况也更容易分析,这使得细胞等效力学模型的建立成了可能,从而可结合细胞等效力学模型得到单细胞固有力学特性参数。相比于之前的基于压缩通道微流控方法,该方法实现了较高通量的单细胞固有力学特性参数的表征,检测通量达到了 1 个/秒。

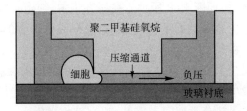

图 10.6 基于微流控技术的压缩通道挤压法表征单细胞的杨氏模量

2015 年德国格赖夫斯瓦尔德大学医学中心的 Oliver Otto 团队报道了一种细胞形变实时流式分析仪[171],如图 10.7 所示,细胞在流体的推动下通过横截面积略大于细胞横截面积的微流控压缩通道,由于通道的缩小,细胞会受到流体的挤压而发生形变。之前已有类似的方法应用于红细胞力学特性检测[168,169],红细胞的硬度较低,需要的流速较低,而对于更高硬度的细胞力学特性检测就需要有更高的流速,这对于图像采集与数据分析是难点。在该方法中,研究人员通过采用 CMOS 成像技术与图像实时分析系统,能够实时地得到细胞形变量参数。该方法能够实现超过 10 万量级样本的检测,对细胞骨架的改变很敏感,可以区分细胞周期的不同阶段,跟踪干细胞向不同谱系的分化,识别全血中的不同细胞种类。但是由于模型的缺乏,无法得到细胞的本征力学特性参数。2019年,该团队又发表了一项新的研究结果,在之前方法的基础上建立起了一个力学特性模型,利用傅里叶分解求解细胞对复杂流体动应力分布的响应,包括时间相关的应力响应以及时间无关的应力响应,从而得到与细胞形状无关的两个力学参数——杨氏模量与表面黏度。据称,该方法的检测通量能够达到每秒100个细胞。

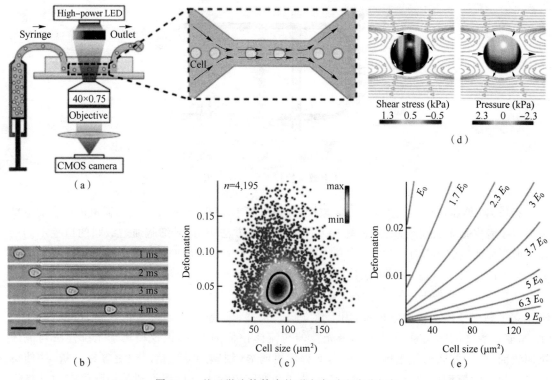

图10.7　基于微流控技术的形变实时流式分析仪

2019年美国麻省理工学院的Scott R. Manalis团队发表一项基于微流控技术与声学散射原理的单细胞力学特性检测方法,如图10.8所示。在该方法中,细胞在微流控通道内流动(途中粉色虚线为流动路径),微通道内有振动的悬臂梁,利用粒子-流体产生的声散射对悬臂梁共振频率的改变,得到细胞的力学特性,得到一个称为尺寸归一化声学散射(size-normalized acoustic scattering,SNACS)的量,并通过仿真证明得到的SNACS与细胞的硬度相关,并且在实验过程中仅仅引起细胞发生<50 nm的微小形变。通过该方法对细胞力学特性进行表征发现,细胞在分裂间期保持恒定的SNACS,而在优势分类期间表现出SNACS的变化。

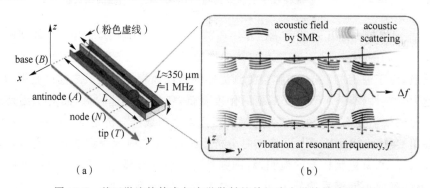

图10.8　基于微流控技术与声学散射的单细胞力学特性检测方法

10.2　微流控技术与单细胞电学特性检测

鉴于微流控技术带来的高通量检测的优势,基于微流控技术的单细胞电学特性检测方法近年来得到了快速发展,已有的基于微流控技术的单细胞电学特性检测方法主要是微阻抗流式细胞仪[36, 160]。

在介绍单细胞电学特性的定量检测方法之前,必须要提到的是库尔特计数器(Coulter Counter)[172]。1947 年,美国科学家库尔特(W.H. Coulter)发明了用电阻法计数粒子的专利技术。1956 年,他又将这一技术应用于血细胞计数而获得成功,这种方法称为电阻法或库尔特原理。测量中将血液按照一定比例进行稀释后,加入到检测腔内。检测腔内有一个小孔为计数孔,计数孔两侧有电极,小孔区域内有电场分布。由于细胞膜对于直流电起阻挡作用,当细胞通过施加有直流电的小孔时会引起阻抗的变化,从而实现细胞计数的功能。由于细胞引起的阻抗幅值大小与细胞体积相关,还可以通过阻抗得到细胞的体积信息。到了 20 世纪 60年代末,血细胞分析仪除可进行血细胞计数外,还可以同时测定血红蛋白。20 世纪 70 年代,血小板计数仪问世。进入 20 世纪 80 年代后,相继开发了白细胞三分类及五分类计数。进入20 世纪 90 年代后,血细胞分析仪结合电子、光学、化学技术,市场上不断有多参数的血细胞分析仪出现。但是需要说明的是,由于缺乏模型,库尔特计数器在单细胞电学检测方面无法得到单细胞电学特性参数(如细胞膜比电容等)。

2001 年,瑞士洛桑联邦理工学院的 Renaud 教授[154]最先提出了一种基于单侧电极的微阻抗流式细胞仪,如图 10.9(a)所示。在微流道的一侧分布有三个差分电极,细胞在微流道内流动时,会引起电极间阻抗变化。考虑到电极分布于与通道一侧造成电场分布不均匀会导致测量结果精度不高的问题,该团队于 2005 年做出了改进[155],如图 10.9(b)所示,将原先的三个电极改为对称分布在通道两侧的四个电极。该方法中利用差分检测得到分别由微珠、红细胞和鬼影细胞引起的阻抗变化,由阻抗的幅值和相位可以实现细胞种类的基本区分。然而,由于细胞与电极之间存在大量溶液使得细胞不能有效阻挡所有电场线,这导致细胞出现时阻抗只能发生很微小的上升,其测量的结果精度有限;而且该方法中没有提出用于细胞固有电学特性参数(如细胞膜比电容、细胞质电导率等)计算的等效电学模型,只得到了细胞通过时的阻抗数据,这一数据严重依赖于细胞尺寸与细胞在通道中位置,而不能得到反映细胞固有电学特性的参数[36]。

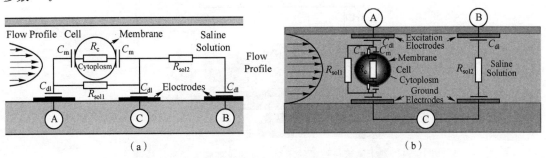

图 10.9　基于微流控技术的微阻抗流式细胞术

2009 年埃默里大学提出了一种基于微流控捕获技术与微阻抗谱的单细胞电学特性检测方法[173]。微阻抗谱(μ-EIS)是一种通过测量细胞在多种频率下的响应来得到细胞电学特性的方法,该方法使用微流控芯片进行捕获,实现了片上微电极与单细胞的直接接触,避免了电极与细胞之间的溶液对检测准确度的影响。利用 μ-EIS 测量多个频率下两电极间的电流,可以得到细胞的电学特性,并由此得到了宫颈上皮样肿瘤细胞系(HeLa)的阻抗值。图 10.10 所示为该方法的原理图,图中包含了两个微流控通道,可以实现对四个细胞的同时分析,可以由放大图中看出细胞与电极形成了紧密的接触。但由于该方式使用捕获来使细胞与电极紧密接触,损失了检测通量。

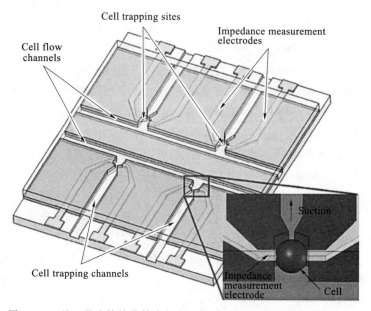

图 10.10 基于微流控捕获技术与微阻抗谱的单细胞电学特性检测方法

2011 年,加拿大多伦多大学的 Sun 教授[135]提出了一种基于微流控技术的压缩通道的单细胞电学特性检测方法,如图 10.11 所示,该方法使用恒定负压驱动细胞连续的通过压缩通道,压缩通道的采用使得细胞能够有效阻挡电场线,引起阻抗的显著变化,提高了电学特性检测的准确度。但是,由于等效电学模型的缺失,该方法只得到了原始的阻抗变化信号作为检测结果,这一结果严重依赖于细胞尺寸,无法从本质上反映细胞的电学特性。

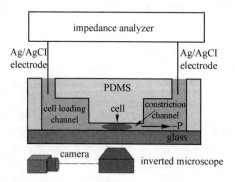

图 10.11 基于微流控技术的压缩通道的单细胞电学特性检测方法

2012 年,Mernier 等人发表了一项基于微流控介电泳聚焦与流式细胞术的单细胞电学特性检测方法[174],图 10.12 所示,该方法使用"液体电极",先在聚焦区域将细胞聚焦在微流控通道的中心,之后在检测区域对细胞进行检测,用以克服细胞在微通道内的位置对于电学检测结果的影响。通过该方法区分了活的和死的酵母细胞。

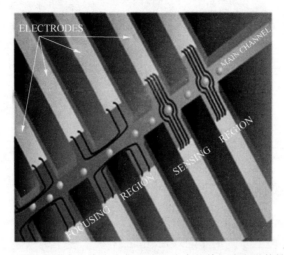

图 10.12　基于微流控介电泳聚焦与流式细胞术的单细胞电学特性检测方法

2012 年,一项检测细胞胞外电势方法由加利福尼亚大学伯克利分校的 Luke P. Lee 团队提出[175]。该方法的原理是,当将细胞置于电场中时,不同种类的细胞会有不同的电学响应,基于此可以实现对细胞种类的区分。如图 10.13 所示,该方法采用两对集成的片上电极,一对作为激励电极,另一对作为检测电极,当细胞从微流控通道流过时,通过激励电极对细胞进行刺激,通过检测电极测量细胞的胞外电势响应,该方法可将未分化的人类诱导的多功能干细胞与衍生的心肌细胞进行区分。

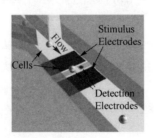

图 10.13　检测细胞胞外电势检测用于区分细胞种类的方法

在压缩通道方法基础上,中科院空天院陈健团队于 2013 年提出了细胞在压缩通道内的等效电学模型,如图 10.14 所示,该模型将细胞的阻抗信号变化、细胞的尺寸信息转换化为细胞的细胞膜比电容、细胞质电导率,这些参数和细胞的尺寸无关,能够精确反映细胞的固有特性[113,114]。相比于之前的流式细胞仪,压缩通道对细胞的挤压作用使得电流的分布情况变得清晰,从而使等效电学模型的建立成了可能;此外,细胞由于受到压缩通道的挤压作用而对电场线进行了有效的阻挡,使得细胞在压缩通道内能够引起阻抗的显著上升,从而提高了电学检测的准确性。该方法实现了单细胞固有电学参数较高通量的准确检测,检测通量可达1 个/秒。

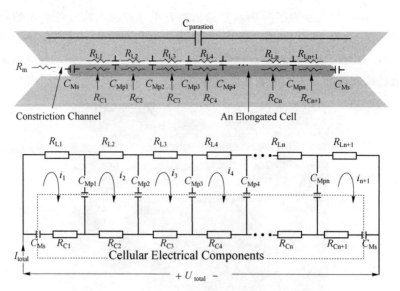

图 10.14　细胞在压缩通道内的等效电学模型

　　2013 年,美国麻省理工学院的 Joel Voldman 团队发表了一项基于微流控技术与介电泳的单细胞电学检测方法[176],如图 10.15 所示。细胞在微流控通道内流动时,同时受到流体阻力与介电泳力,细胞受到介电泳力的大小与细胞电学特性相关,当细胞处于某一位置时这两个力会达到平衡,这样通过细胞在微流控通道中的位置可以表征细胞的电学特性。该方法具有表征 1 000 个以上单细胞电学特性的能力,利用该方法对微珠与粒细胞进行检测,发现该方法可以将激活与未激活的白细胞进行有效的区分。在此基础上,该团队于 2018 年发表多频率检测单细胞电学特性的研究[177],如图 10.16 所示。由于实际实验中只能采用几个有限的、离散的频率来经行检测,科研人员首先使用仿真来选定频率参数,采用一个单细胞电学模型,其关键参数有细胞质介电常数与电导率、细胞膜介电常数与电导率以及细胞半径。在实验中,采用多个频率组合变换使细胞分别位于不同的平衡位置,从而从多个频率的角度来更多维度地表征单细胞的电学特性参数。但是,这样的基于介电泳的方法只能得到一个位置参数来表征电学特性,可以用于细胞分类,但是得不到单细胞的本征电学特性参数。

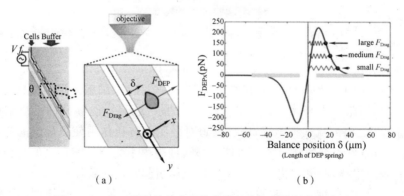

（a）　　　　　　　　　　　　　　　（b）

图 10.15　基于微流控与介电泳的单细胞电学特性检测方法

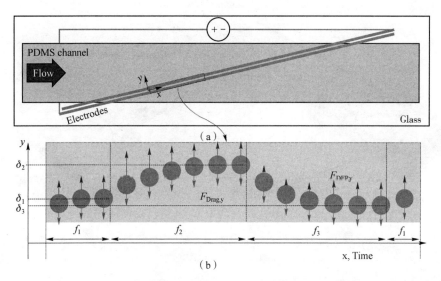

图 10.16 基于微流控技术与多频介电泳的单细胞电学特性检测方法

10.3 微流控技术与单细胞多参数特性同时检测

单细胞多参数检测能够帮助人们更全面地了解单细胞的生理学特性。已有的单细胞力学与电学的同时表征方法有基于悬臂梁与阻抗谱法、基于流式细胞术法、基于压缩通道与阻抗谱法[160]。

2006 年,日本东京大学的 Fujii 教授[178]设计了基于悬臂梁与阻抗谱的单细胞力学与电学特性同时检测方法,原理如图 10.17 所示。该方法中,电极可作为悬臂梁结构,流体推动细胞使得其经过两电极,此间细胞引起阻抗变化的同时会引起电极悬臂梁的形变,通过电学阻抗变化得到单细胞电学特性,通过力学形变得到单细胞力学特性。这种方法虽然实现了单细胞电学、力学特性同时检测,但在电学检测方面无法得到细胞的固有电学特性参数,且测量结果受到细胞所处位置的显著影响,精度有限;力学检测方面也无法得到细胞固有力学特性参数,力学检测结果受到细胞位置、体积等因素的影响,精度有限。

2018 年美国麻省理工学院的 Voldman 教授[179]提出了基于流式细胞术和流体挤压的单细胞力学与电学特性同时检测方法,如图 10.18 所示,细胞通过不同的检测区域,利用流式细胞术的原理,获得细胞尺寸、不同频率下电学极化程度、细胞形变量[127]。但是,该方法无论在电学特性参数检测方面还是力学特性参数检测方面,都未得到细胞固有特性参数。

中科院空天院陈健团队提出了基于压缩通道的单细胞力学与电学特性同时检测方法,如图 10.19 所示,细胞在压缩通道内连续性地进入并通过,细胞在进入压缩通道的过程中发生形变,这一形变反映了细胞力学特性,细胞在通过压缩通道的过程中引起通道阻抗变化,这一阻抗变化反应细胞电学特性,将细胞形变与阻抗变化记录下来作为原始数据,结合所建立的等效电学模型与等效力学模型,该方法最终可以得到细胞的细胞瞬时杨氏模量、细胞膜比电容与细胞质电导率。该方法实现了较高通量的单细胞电学力学特性参数的同时检测,通量可达到 1 个/秒[148]。

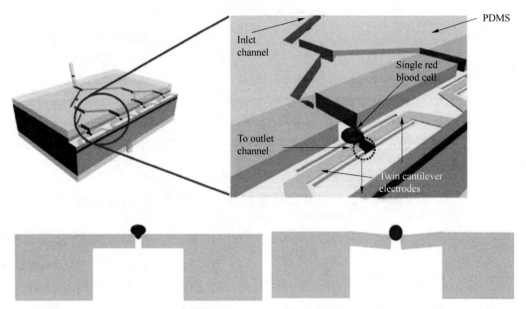

图 10.17　基于悬臂梁与阻抗谱的单细胞力学与电学特性同时检测方法

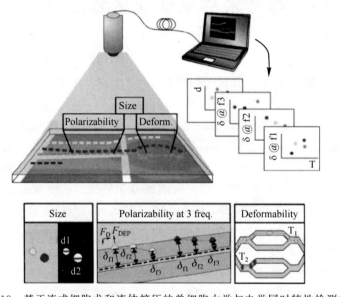

图 10.18　基于流式细胞术和流体挤压的单细胞力学与电学同时特性检测方法

2019 年,美国德克萨斯大学的 Samir 团队发表一项基于微流控和微孔的单细胞力学与电学特性检测方法[180],如图 10.20 所示,采用一个直径为 20 μm 的悬浮式二氧化硅薄膜制成的微孔作为细胞传感器件,基于类似库尔特计数器的原理,测量多形性胶质母细胞瘤(GBM)的多种细胞系在通过微孔时的电流随时间的变化,提取出两个参数,即脉冲宽度与脉冲幅值,其中,脉冲的幅值与细胞的电学特性相关,脉冲的宽度与细胞力学特性、直径相关。通过该方法,建立了 GBM 细胞的多种细胞系的数据库,之后用该方法测量 GMB 病人样本,通过比对病人样本数据与建立的数据库数据,可以将病人样本中不同种类的细胞亚型进行区分。但该方法没有得到单细胞固有特性参数。

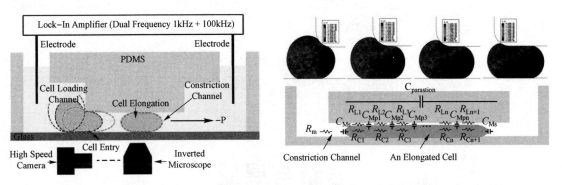

图 10.19　基于压缩通道的单细胞力学与电学特性同时检测方法

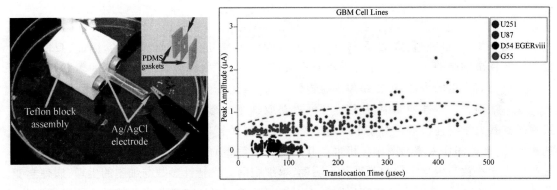

图 10.20　基于微流控和微孔的单细胞力学与电学特性检测方法

10.4　本章小结

　　本章介绍了一些其他的、先进的基于微流控技术的单细胞力学与电学特性检测技术,具体包括了微流控技术与单细胞力学特性检测、微流控技术与单细胞电学特性检测、微流控技术与单细胞多参数特性同时检测。可以看出,在微流控技术用于单细胞检测时,更高通量、更准确的检测方法是科学工作者们一直以来的努力方向。

第 11 章

总结与展望

在临床上,来自肿瘤、胸水、尿液和血液的细胞样本是具有高度异质性的,因此,只能测试数十或数百个细胞的低通量技术几乎没有临床意义。为了获得更有统计意义的数据,必须对大样本进行高通量的表征,这也是单细胞电学与力学特性检测的一个必然趋势。

在单细胞力学特性检测中,往往需要通过获取细胞的形变图像,再对形变进行力学分析,进而得到其力学特性参数。对于单细胞力学特性检测而言,除了检测方法本身对于检测通量的影响外,高速图像采集与图像分析也是其中的一个重要的技术瓶颈。除此以外,目前对于单细胞的力学参数与生化参数的联系并不明确,单细胞的力学特性参数与细胞的生理、病理学变化的过程不明晰,虽然有大量研究证明了不同细胞种类可以用单细胞力学特性参数进行区分,但只有更大量的数据被人类获得后,才能充分建立起单细胞力学特性参数与细胞生理学、病理学变化的联系。

对于单细胞电学特性检测而言,由于库尔特计数器在血细胞分析仪的广泛应用,在临床与商业应用上,基于微流控技术的单细胞微阻抗分析仪更容易被接受(相比于力学特性检测方法)。这些单细胞电学特性检测方法(被称为微阻抗分析仪),不仅可以像库尔特计数器一样提供计数与尺寸测量功能,还能够提供膜电位、细胞膜比电容等更多的细胞本征的电学特性参数,然而,这些参数与细胞生理学、病理学的联系尚等待更多的人去探究。

需要指出的是,微流控技术通过对流体的操控实现对于细胞的操控,能够让细胞"流动起来",这在检测通量方面无疑是具有显著优势的,另外,由于在微流控芯片内容易实现多种结构的构建,结合片上微电极,能够使得多参数的并行检测成为可能。另外,在基于微流控技术的单细胞力学电学特性研究方法中,采用横截面积大于细胞横截面积的微通道时,如流体挤压测量单细胞力学特性、微阻抗式测量单细胞电学特性,细胞能够以较高的速度被检测,检测通量高,但由于受力情况或电场分布情况复杂,很难得到如杨氏模量、细胞膜比电容等的力学或电学特性参数。而采用压缩通道挤压细胞测量力学时,细胞可以被视为弹性体,微流控通道可以被视为刚体,这时的受力情况更易于分析,因而可以得到单细胞力学特性参数;在采用压缩通道测量单细胞电学特性时,压缩通道对电场分布起到一个很好的"塑形"作用,从而使漏电流(细胞与压缩通道之间的液体中存在的电流)近乎短路,而易于建立得到电学特性参数的等效电学模型。这些都是压缩通道给单细胞力学与电学特性检测带来的便利,但是,不得不说的是,由于压缩通道的使用带来的阻塞的问题,很容易影响检测通量,这是急需解决的。

我们相信,在不久的将来,随着更高通量的单细胞力学与电学特性检测方法的不断出现,细胞的力学、电学特性与细胞生理、病理学之间的联系将更为紧密,基于微流控技术的单细胞的力学与电学测量技术必将有更普遍的应用场景,变得更集成、更高通量、更高精度,从而给细胞学家和医务人员提供更可靠有效的工具与数据参考。

除了单细胞分析工具及方法的不断强大之外,单细胞分析过程中产生的大量数据已成为一个具有挑战性的问题。近年来,生物信息学技术已被用于研究来自单细胞数据集合的"大数据"。或许,从单细胞分析中获得的独特信息,可以回答过去一些未解决的问题,例如,如果我们能够以足够的精度测量足够的参数,我们或许可以知道任何两个单细胞是否真的相同;当用相同的药物或环境因素处理时,是否有两种细胞具有相似的生物学功能。毫无疑问,单细胞分析将成为人类了解胚胎发育基础生物学、获取高等生物细胞谱系树、剖析肿瘤异质性等疾病的有效方法。

将毛细管电泳(CE)与激光诱导荧光(LIF)检测、电化学检测(ED)、流式细胞术与质谱等技术相结合,来进行单细胞的多参数分析也是未来的发展趋势。近年来,随着微机电系统(MEMS)的发展及其与化学工程、生物医学工程、化学、材料科学和生命科学的集成,Bio-MEMS(有时被认为是芯片实验室或微型全分析系统(μTAS)的同义词)已成为在微/纳米流体环境中对化学和生物制剂进行更复杂操作的强大工具。具有在微/纳米尺度上操纵和检测生物样品、试剂或生物分子能力的微/纳米流体装置可以很好地满足单细胞分析的要求。

除此以外,更多实验室中方法的仪器化也是单细胞力学与电学特性检测由实验室走向实际应用的必然之路,这对图像分析、仪器控制、自动化分析提出了更高的要求,因此,需要更多的来自不同学科领域的人员积极参与。

参 考 文 献

[1] Fechheimer M. Cell and molecular biology: concepts and experiments [J]. The Quarterly Review of Biology, 2000, 75(4): 454.

[2] Alberts B. Molecular biology of the cell [M]. 1989.

[3] Alberts B, Bray D, Hopkin K, et al. Essential cell biology [M]. Garland Science, 2016.

[4] Anselmetti D. Single cell analysis: technologies and applications [M]. The Americas: Wiley-Blackwell, 2009.

[5] Daojing W, Steven B. Single cell analysis: the new frontier in 'omics' [J]. Trends in Biotechnology, 2010, 28(6):281-90.

[6] Robinson J P, Andrea Cossarizza A. Single Cell Analysis [M]. Springer, Singapore.

[7] 程介克. 单细胞分析 [M]. 北京:科学出版社, 2005.

[8] Toyoda Y, Cattin C J, Stewart M P, et al. Genome-scale single-cell mechanical phenotyping reveals disease-related genes involved in mitotic rounding [J]. Nature Communications, 2017, 8(1): 1266.

[9] Plasschaert L W, Žilionis R, Choo-Wing R, et al. A single-cell atlas of the airway epithelium reveals the CFTR-rich pulmonary ionocyte [J]. Nature, 2018, 560(7718): 377.

[10] Masuda T, Sankowski R, Staszewski O, et al. Spatial and temporal heterogeneity of mouse and human microglia at single-cell resolution [J]. Nature, 2019, 566(7744): 388.

[11] Phillips R, Kondev J, Theriot J, et al. Physical Biology of the Cell [M]. 2012.

[12] Lee G Y, Lim C T. Biomechanics approaches to studying human diseases [J]. Trends Biotechnol, 2007, 25(3): 111.

[13] Jonietz E. Mechanics: the forces of cancer [J]. Nature, 2012, 491(7425): S7- S56.

[14] Sun J, Luo Q, Liu L, et al. Biomechanical profile of cancer stem-like cells derived from MHCC97H cell lines [J]. Journal of Biomechanics, 2016, 49(1): 45-52.

[15] Rosendahl P, Plak K, Jacobi A, et al. Real-time fluorescence and deformability cytometry [J]. Nature Methods, 2018, 15(5): 355.

[16] Denais C, Lammerding J. Nuclear mechanics in cancer [J]. Advances in Experimental Medicine and Biology, 2014, 773(773): 435.

[17] Zwerger M, Ho C Y, Lammerding J. Nuclear mechanics in disease [J]. Annual Review of Biomedical Engineering, 2011, 13(1): 397-428.

[18] Xu Y, Xie X, Duan Y, et al. A review of impedance measurements of whole cells [J]. Biosensors and Bioelectronics, 2016, 77: 824-36.

[19] Du S, Ha S, Diez-Silva , et al. Electric impedance microflow cytometry for characterization of cell disease states [J]. Lab on a Chip, 2013, 13(19): 3903.

[20] Adams T N G, Turner P A, Janorkar A V, et al. Characterizing the dielectric proper-ties of human mesenchymal stem cells and the effects of charged elastin-like polypep-tide copolymer treatment [J]. Biomicrofluidics, 2014, 8(5): 05419.

[21] Liang W, Yuliang Z, Liu L, et al. Determination of cell membrane capacitance and conductance via optically induced electrokinetics [J]. Biophysical Journal, 2017, 113 (7): 1531-9.

[22] Zhang H, Liu K K. Optical tweezers for single cells [J]. Journal of the Royal Society, Interface / the Royal Society, 2008, 5(24): 671-90.

[23] Pethig R. Review Article—Dielectrophoresis: Status of the theory, technology, and applications [J]. Biomicrofluidics, 2010, 4(2).

[24] Lim C T, Zhou E H, Quek S T. Mechanical models for living cells—a review [J]. Journal of Biomechanics, 2006, 39(2): 195-216.

[25] Magonov S N, Hwan W M. Surface Analysis with STM and AFM: Experimental and The-oretical Aspects of Image Analysis [M]. Weinheim, Germany: Wiley-VCH Verlag GmbH, Wiley-VCH Verlag GmbH, 1995.

[26] Hörber J K, Mosbacher J, Häberle W, et al. A look at membrane patches with a scanning force microscope [J]. Biophysical Journal, 1995, 68(5): 1687.

[27] Rotsch C, Braet F, Wisse E, et al. AFM imaging and elasticity measurements on liv-ing rat liver macrophages [J]. Cell Biol Int, 1997, 21(11): 685.

[28] Radmacher M. Measuring the elastic properties of living cells by the atomic force mi-croscope [J]. Methods in cell biology, 2002, 68: 67-90.

[29] Ohnesorge F M, Hörber J K, Häberle W, et al. AFM review study on pox viruses and living cells [J]. Biophysical Journal, 1997, 73(4): 2183.

[30] Okajima T. Atomic force microscopy for the examination of single cell rheology [J]. Current Pharmaceutical Biotechnology, 2012, 13(14): 2623-31.

[31] Lehenkari P P, Charras G T, Nykanen A, et al. Adapting atomic force microscopy for cell biology [J]. Ultramicroscopy, 2000, 82(1-4): 289-95.

[32] Wu Z Z, Zhang G, Long M, et al. Comparison of the viscoelastic properties of normal hepatocytes and hepatocellular carcinoma cells under cytoskeletal perturbation [J]. Biorheology, 2000, 37(4): 279.

[33] Li Q S, Lee G Y, Ong C N, et al. AFM indentation study of breast cancer cells [J]. Biochemical and biophysical research communications, 2008, 374(4): 609.

[34] Shi H, Li A, Yin J, et al. AFM study of the cytoskeletal structures of malaria infec-ted erythrocytes [M], 2009.

[35] Liang X, Shi X, Ostrovidov S, et al. Probing stem cell differentiation using atomic force microscopy [J]. Applied Surface Science, 2016, 366: 254.

[36] Zheng Y, Nguyen J, Wei Y, et al. Recent advances in microfluidic techniques for sin-gle-cell biophysical characterization [J]. Lab on a Chip, 2013, 13(13): 2464.

[37] Cross S E, Jin Y S, Rao J, et al. Nanomechanical analysis of cells from cancer pa-tients [J]. Nature nanotechnology, 2007, 2(12): 780.

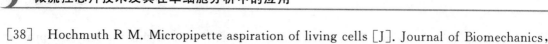
[38] Hochmuth R M. Micropipette aspiration of living cells [J]. Journal of Biomechanics, 2000, 33(1): 15-22.

[39] Chen Y, Liu B, Xu G, et al. Validation, In-Depth Analysis, and Modification of the Micropipette Aspiration Technique [J]. Cellular and Molecular Bioengineering, 2009, 2(3): 351.

[40] Anderson K W, Li W I, Cezeaux J, et al. In vitro studies of deformation and adhesion properties of transformed cells [J]. Cell Biophysics, 1991, 18(2): 81-97.

[41] Skoutelis A T, Kaleridis V, Athanassiou G M, et al. Neutrophil deformability in patients with sepsis, septic shock, and adult respiratory distress syndrome [J]. Critical Care Medicine, 2000, 28(7): 2355.

[42] Yu H, Tay C Y, Wen S L, et al. Mechanical behavior of human mesenchymal stem cells during adipogenic and osteogenic differentiation [J]. Biochemical and Biophysical Research Communications, 2010, 393(1): 150.

[43] Evans E, Yeung A. Apparent viscosity and cortical tension of blood granulocytes determined by micropipet aspiration [J]. Biophysical Journal, 1989, 56(1): 151.

[44] Lim C T, Dao M, Suresh S, et al. Large deformation of living cells using laser traps [J]. Acta Materialia, 2004, 52(7): 1837.

[45] Tavano F, Bonin S, Pinato G, et al. Custom-built optical tweezers for locally probing the viscoelastic properties of cancer cells [J]. 2011, 5: 234.

[46] Brandao M M, Fontes A, Barjas-Castro M L, et al. Optical tweezers for measuring red blood cell elasticity: application to the study of drug response in sickle cell disease [J]. European Journal of Haematology, 2003, 70(4): 207.

[47] Titushkin I, Cho M. Distinct membrane mechanical properties of human mesenchymal stem cells determined using laser optical tweezers [J]. Biophysical Journal, 2006, 90(7): 2582.

[48] Lim C T, Zhou E H, Li A, et al. Experimental techniques for single cell and single molecule biomechanics [J]. Materials Science and Engineering: C, 2006, 26(8): 1278.

[49] Barry P H, Lynch J W. Liquid junction potentials and small cell effects in patch-clamp analysis [J]. J Memb Biol, 1991, 121(2): 101.

[50] Cahalan M, Neher E. Patch clamp techniques: an overview [J]. Methods in Enzymology, 1992, 207: 3.

[51] Bebarova M. Advances in patch clamp technique: towards higher quality and quantity [J]. General Physiology and Biophysics, 2012, 31(2): 131.

[52] Kornreich B G. The patch clamp technique: principles and technical considerations [J]. Journal of Veterinary Cardiology : the Official Journal of the European Society of Veterinary Cardiology, 2007, 9(1): 25-37.

[53] Dale T J, Townsend C, Hollands E C, et al. Population patch clamp electrophysiology: a breakthrough technology for ion channel screening [J]. Molecular Biosystems, 2007, 3(10): 714.

[54] Liem L K, Simard J M, Song Y, et al. The patch clamp technique [J]. Neurosurgery, 1995, 36(2): 382.

[55] Cahalan M, Neher E. Patch clamp techniques: an overview [J]. Methods in Enzymology, 1992, 207: 3-14.

[56] Sakmann B, Neher E. Patch clamp techniques for studying ionic channels in excitable membranes [J]. Annual Review of Physiology, 1984, 46: 455.

[57] Auerbach A, Sachs F. Patch clamp studies of single ionic channels [J]. Annual Review of Biophysics and Bioengineering, 1984, 13: 269-302.

[58] Schwake L, Henkel A, D Riedel H, et al. Patch-clamp capacitance measurements: new insights into the endocytic uptake of transferrin [J]. 2002, 29: 459-64.

[59] Granfeldt D, Harbecke O, Bjorstad, et al. Neutrophil secretion induced by an intracellular Ca rise and followed by whole-cell patch-clamp recordings occurs without any selective mobilization of different granule populations [J]. 2014, 2006(2): 97803.

[60] Sadraei H, Abtahi S R, Nematollahi M, et al. Assessment of potassium current in Royan B1 stem cell derived cardiomyocytes by patch-clamp technique [J]. 2009, 4: 85-97.

[61] Cheung K C, Berardino M D, Schade-Kampmann G, et al. Microfluidic impedance-based flow cytometry [J]. Cytometry Part A, 2010, 77A(7): 648.

[62] Sabuncu A C, Zhuang J, Kolb J F, et al. Microfluidic impedance spectroscopy as a tool for quantitative biology and biotechnology [J]. Biomicrofluidics, 2012, 6 (3): 34103.

[63] Yobas L. Microsystems for cell-based electrophysiology [J]. Journal of Micromechanics and Microengineering, 2013, 23(8): 083002.

[64] Fuhr G, Glaser R, Hagedorn R. Rotation of dielectrics in a rotating electric high-frequency field-model experiments and theoretical explanation of the rotation effect of living cells [J]. Biophysical Journal, 1986, 49(2): 395-402.

[65] Lim C T, Zhou E H, Li A, et al. Experimental techniques for single cell and single molecule biomechanics [J]. Materials Science and Engineering C, 2006, 26(8): 1278.

[66] Rohani A, Varhue W, Su Y H, et al. Electrical tweezer for highly parallelized electrorotation measurements over a wide frequency bandwidth [J]. Electrophoresis, 2014, 35(12-13): 1795-802.

[67] Voyer D, Frenea-Robin M, Buret F, et al. Improvements in the extraction of cell electric properties from their electrorotation spectrum [J]. Bioelectrochemistry, 2010, 79(1): 25-30.

[68] Lei U, Sun P H, Pethig R. Refinement of the theory for extracting cell dielectric properties from dielectrophoresis and electrorotation experiments [J]. Biomicrofluidics, 2011, 5 (4): 044109.

[69] Jones T B. Basic theory of dielectrophoresis and electrorotation [J]. IEEE Engineering in Medicine and Biology Magazine, 2003, 22(6): 33-42.

[70] Fuhr G, Hagedorn R, Goring H. Separation of different cell-types by rotating electric-fields [J]. Plant and Cell Physiology, 1985, 26(8): 1527-31.

[71] Valero A, Braschler T, Renaud P. A unified approach to dielectric single cell analysis: impedance and dielectrophoretic force spectroscopy [J]. Lab on a Chip, 2010, 10(17): 2216.

［72］ Lannin T，Su W W，Gruber C，et al. Automated electrorotation shows electrokinetic separation of pancreatic cancer cells is robust to acquired chemotherapy resistance，serum starvation，and EMT［J］. 2016，10(6)：064109.

［73］ Ismail A，Hughes M，Mulhall H，et al. Characterization of human skeletal stem and bone cell populations using dielectrophoresis［J］. 2015，9(2)：162.

［74］ Sun T，Morgan H. Single-cell microfluidic impedance cytometry：a review［J］. Microfluidics and Nanofluidics，2010，8(4)：423.

［75］ Goater A D，Pethig R. Electrorotation and dielectrophoresis［J］. Parasitology，1998，117(Suppl)：S89- S177.

［76］ Liang X，Graham K A，Johannessen A C，et al. Human oral cancer cells with increasing tumorigenic abilities exhibit higher effective membrane capacitance［J］. Integrative Biology Quantitative Biosciences from Nano to Macro，2014，6(5)：545.

［77］ Duncan L，Shelmerdine H，Hughes M，et al. Dielectrophoretic analysis of changes in cytoplasmic ion levels due to ion channel blocker action reveals underlying differences between drug-sensitive and multidrug-resistant leukaemic cells［J］. Physics in Medicine and Biology 2008，53：N1-7.

［78］ Velugotla S，Pells S，Mjoseng H，et al. Dielectrophoresis based discrimination of human embryonic stem cells from differentiating derivatives［J］. Biomicrofluidics，2012，6(4)：044113.

［79］ Whitesides G. The origins and the future of microfluidics［J］. Nature，2006，442(7101)：368.

［80］ 林丙承. 微流控芯片实验室［J］. 北京:科学出版社，2003.

［81］ 方肇伦. 微流控分析芯片发展与展望［J］. 北京:北京化工大学，2001，16(2)：1-6.

［82］ 方肇伦. 微流控分析芯片［M］. 北京:科学出版社，2003.

［83］ Manz A，Graber N，Widmer H M. Miniaturized total chemical analysis systems：A novel concept for chemical sensing［J］. Sensors and Actuators B：Chemical，1990，1(1)：244.

［84］ Thorsen T，Maerkl S J，Quake S R. Microfluidic Large-Scale Integration［J］. Science，2002，298(5593)：580.

［85］ Yager P，Edwards T，Fu E.，et al. Microfluidic Diagnostic Technologies for Global Public Health［J］. Nature，2006，442(7101)：412.

［86］ Wu P H，Aroush D R，Asnacios A，et al. A Comparison of Methods to Assess Cell Mechanical Properties［J］. Nature Methods，2018，15(7)：491.

［87］ Tsai M A，Frank R S，Waugh R E. Passive mechanical behavior of human neutrophils：power-law fluid［J］. Biophysical Journal，1993，65(5)：2078.

［88］ Drury J L，Dembo M. Aspiration of human neutrophils：effects of shear thinning and cortical dissipation［J］. Biophysical Journal，2001，81(6)：3166.

［89］ Ethier C R，Simmons C A. Introductory biomechanics：from cells to organisms［M］. Cambridge：Cambridge University Press，2007.

［90］ Lim C T，Zhou E H，Quek S T. Mechanical models for living cells- a review［J］. Journal of Biomechanics，2006，39(2)：195-216.

［91］ Luo Y N, Chen D Y, Zhao Y, et al. A constriction channel based microfluidic system enabling continuous characterization of cellular instantaneous Young's modulus ［J］. Sensors and Actuators B: Chemical, 2014, 202: 1183.

［92］ Needham D, Hochmuth R M. Rapid flow of passive neutrophils into a 4 microns pipet and measurement of cytoplasmic viscosity ［J］. Journal of Biomechanical Engineering, 1990, 112(3): 269.

［93］ Transonray R, Needham D, Yeung A, et al. Time-dependent recovery of passive neutrophils after large deformation ［J］. Biophysical Journal, 1991, 60(4): 856.

［94］ Xu H, Lai J G, Liu J Y, et al. Neural Network Pattern Recognition and its Application ［J］. Advanced Materials Research, 2013, 756-759: 2438.

［95］ Wang K, Sun X H, Zhang Y, et al. Characterization of cytoplasmic viscosity of hundreds of single tumour cells based on micropipette aspiration ［J］. Royal Society Open Science, 2019, 6(3): 181707.

［96］ Gagliardi A, Besio R, Carnemolla C, et al. Cytoskeleton and nuclear lamina affection in recessive osteogenesis imperfecta: A functional proteomics perspective ［J］. Journal of Proteomics, 2017, 167: 46-59.

［97］ Poleshko A, Shah P P, Gupta M, et al. Genome-nuclear lamina interactions regulate cardiac stem cell lineage restriction ［J］. Cell, 2017, 171(3): 573.

［98］ Gonzalez-Sandoval A, Gasser S M. On tads and lads: spatial control over gene expression ［J］. Trends in Genetics, 2016, 32(8): 485.

［99］ Gesson K, Vidak S, Foisner R. Lamina-associated polypeptide (LAP)2α and nucleoplasmic lamins in adult stem cell regulation and disease ［J］. Seminars in Cell and Developmental Biology, 2014, 29: 116.

［100］ Yáñez-Cuna J O, Van S B. Genome-nuclear lamina interactions: from cell populations to single cells ［J］. Current Opinion in Genetics and Development, 2017, 43: 67-72.

［101］ Ferri G, Storti B, Bizzarri R. Nucleocytoplasmic transport in cells with progerin-induced defective nuclear lamina ［J］. Biophysical Chemistry, 2017, 229: 77-83.

［102］ Bergqvist C, Jafferali M H, Gudise S, et al. An inner nuclear membrane protein induces rapid differentiation of human induced pluripotent stem cells ［J］. Stem Cell Research, 2017, 23: 33.

［103］ Cao X, Moeendarbary E, Isermann P, et al. A chemomechanical model for nuclear morphology and stresses during cell transendothelial migration ［J］. Biophysical Journal, 2016, 111(7): 1541.

［104］ Dahl K N, Scaffidi P, Islam M F, et al. Distinct structural and mechanical properties of the nuclear lamina in hutchinson-gilford progeria syndrome ［J］. Proceedings of the National Academy of Sciences of the United States of America, 2006, 103(27): 10271.

［105］ Li Q, Lim C T. Structure-mechanical property changes in nucleus arising from breast cancer ［M］. 2010.

［106］ Rowat A C, Lammerding J, Ipsen J H. Mechanical properties of the cell nucleus and the effect of emerin deficiency ［J］. Biophysical Journal, 2006, 91(12): 4649.

[107] Kris Noel D, Engler A J, J David P, et al. Power-law rheology of isolated nuclei with deformation mapping of nuclear substructures [J]. Biophysical Journal, 2005, 89(4): 2855.

[108] Danker T, Oberleithner H. Nuclear pore function viewed with atomic force microscopy [J]. Pflugers Archiv European Journal of Physiology, 2000, 439(6): 671.

[109] Hategan A, Law R, Kahn S, et al. Adhesively-tensed cell membranes: lysis kinetics and atomic force microscopy probing [J]. Biophysical Journal, 2003, 85(4): 2746.

[110] Domke J, Dannöhl S, Parak W J, et al. Substrate dependent differences in morphology and elasticity of living osteoblasts investigated by atomic force microscopy [J]. Colloids and Surfaces B, 2000, 19(4): 367.

[111] Pajerowski J D, Dahl K N, Zhong F L, et al. Physical plasticity of the nucleus in stem cell differentiation [J]. Proceedings of the National Academy of Sciences, 2007, 104(40): 15619.

[112] Dickinson R B, Neelam S, Lele T P. Dynamic, mechanical integration between nucleus and cell- where physics meets biology [J]. Nucleus, 2015, 6(5): 360.

[113] Zhao Y, Chen D, Li H, et al. A microfluidic system enabling continuous characterization of specific membrane capacitance and cytoplasm conductivity of single cells in suspension [J]. Biosensors and Bioelectronics, 2013, 43C: 304.

[114] Zhao Y, Chen D, Luo Y, et al. A microfluidic system for cell type classification based on cellular size-independent electrical properties [J]. Lab on a Chip, 2013, 13 (12): 2272.

[115] Tan S J, Li Q, Lim C T. Manipulation and isolation of single cells and nuclei [J]. Methods in Cell Biology, 2010, 98(1): 79-96.

[116] Guilak F, Jones W R, Ting-Beall H P, et al. The deformation behavior and mechanical properties of chondrocytes in articular cartilage [J]. Biorheology, 2000, 37(1-2): 27-44.

[117] Kononenko O, Bazov I, Watanabe H, et al. Opioid precursor protein isoform is targeted to the cell nuclei in the human brain [J]. Biochimica et Biophysica Acta- General Subjects, 2016, 1861(2): 246.

[118] Hadjiolov A A, Tencheva Z S, Bojadjieva-Mikhailova A G. Isolation and some characterics of cell nuclei from brain cortex of adult cat [J]. Journal of Cell Biology, 1965, 26(2): 38.

[119] Todinova S, Stoyanova E, Krumova S, et al. Calorimetric signatures of human cancer cells and their nuclei [J]. Thermochimica Acta, 2016, 623: 95-101.

[120] Zylber E A, Penman S. Products of RNA polymerases in HeLa cell nuclei [J]. Proceedings of the National Academy of Sciences of the United States of America, 1971, 68(11): 2861-5.

[121] Toyama K, Yamada M, Seki M. Isolation of cell nuclei in microchannels by short-term chemical treatment via two-step carrier medium exchange [J]. Biomedical Microdevices, 2012, 14(4): 751.

[122] Chan C J, Li W, Cojoc G, et al. Volume transitions of isolated cell nuclei induced by rapid temperature increase [J]. Biophysical Journal, 2017, 112(6): 1063.

[123] Schürmann M, Scholze J, Müller P, et al. Cell nuclei have lower refractive index and mass density than cytoplasm [J]. Journal of Biophotonics, 2016, 9(10): 1068.

[124] Chang C-C, Wang K, Zhang Y, et al. Mechanical property characterization of hundreds of single nuclei based on microfluidic constriction channel [J]. Cytometry Part A, 2018, 93 (8): 822.

[125] Surowiec A, Stuchly S S, Izaguirre C. Dielectric properties of human B and T lymphocytes at frequencies from 20 kHz to 100 MHz [J]. Physics in Medicine and Biology, 1986, 31(1): 43-53.

[126] Liang W, Zhang K, Yang X, et al. Distinctive translational and self-rotational motion of lymphoma cells in an optically induced non-rotational alternating current electric field [J]. Biomicrofluidics, 2015, 9(1): 014121.

[127] Bahrieh G, Erdem M, Ozgur E, et al. Assessment of effects of multi drug resistance on dielectric properties of K562 leukemic cells using electrorotation [J]. RSC Advances, 2014, 4(85): 44879.

[128] Yang J, Huang Y, Wang X, et al. Dielectric properties of human leukocyte subpopulations determined by electrorotation as a cell separation criterion [J]. Biophysical Journal, 1999, 76(6): 3307.

[129] Ziervogel H, Glaser R, Schadow D, et al. Electrorotation of lymphocytes-the influence of membrane events and nucleus [J]. Bioscience Reports, 1986, 6(11): 973.

[130] Becker F F, Wang X B, Huang Y, et al. Separation of human breast cancer cells from blood by differential dielectric affinity [J]. Proceedings of the National Academy of Sciences of the United States of America, 1995, 92(3): 860.

[131] Vykoukal D M, Gascoyne P R, Vykoukal J. Dielectric characterization of complete mononuclear and polymorphonuclear blood cell subpopulations for label-free discrimination [J]. Integrative Biology, 2009, 1(7): 477.

[132] Gentet L J, Stuart G J, Clements J D. Direct measurement of specific membrane capacitance in neurons [J]. Biophysical Journal, 2000, 79(1): 314.

[133] Wang K, Zhao Y, Chen D, et al. Specific membrane capacitance, cytoplasm conductivity and instantaneous Young's modulus of single tumour cells [J]. Scientific data, 2017, 4: 170015.

[134] Hong J L, Lan K C, Jang L S. Electrical characteristics analysis of various cancer cells using a microfluidic device based on single-cell impedance measurement [J]. Sensors and Actuators B-Chemical, 2012, 173(4): 927.

[135] Chen J, Zheng Y, Tan Q, et al. Classification of cell types using a microfluidic device for mechanical and electrical measurement on single cells [J]. Lab on a Chip, 2011, 11(18): 3174-81.

[136] M R, B S W. Exploring medical language: a student-directed approach [J]. Journal of Health Occupations Education.

[137] Pasini E M, Lutz H U, Mann M, et al. Red blood cell (RBC) membrane proteomics-Part I: Proteomics and RBC physiology [J]. Journal of Proteomics, 2010, 73(3): 403.

[138] Horn P, Bork S, Diehlmann A, et al. Isolation of human mesenchymal stromal cells is more efficient by red blood cell lysis [J]. Cytotherapy, 2008, 10(7): 676.

[139] Batycka-Baran A, Hattinger E, Zwicker S, et al. Leukocyte-derived koebnerisin (S100A15) and psoriasin (S100A7) are systemic mediators of inflammation in psoriasis [J]. Journal of Dermatological Science, 2015, 79(3): 214.

[140] Preobrazhensky S N, Bahler D W. Immunomagnetic bead separation of mononuclear cells from contaminating granulocytes in cryopreserved blood samples [J]. Cryobiology, 2009, 59(3): 366.

[141] Pertoft H. Fractionation of cells and subcellular particles with Percoll [J]. Journal of Biochemical and Biophysical Methods, 2000, 44(1): 1-30.

[142] Zhao Y, Jiang M, Chen D, et al. Single-cell electrical phenotyping enabling the classification of mouse tumor samples [J]. Scientific reports, 2016, 6: 19487.

[143] Zhao Y, Liu Q, Sun H, et al. Electrical property characterization of neural stem cells in differentiation [J]. PLoS One, 2016, 11(6): e0158044.

[144] Zhao Y, Zhao X T, Chen D Y, et al. Tumor cell characterization and classification based on cellular specific membrane capacitance and cytoplasm conductivity [J]. Biosensors and Bioelectronics, 2014, 57: 245.

[145] Chiu T K, Yang Z, Chen D, et al. A low-sample-loss microfluidic system for the quantification of size-independent cellular electrical property—Its demonstration for the identification and characterization of circulating tumour cells (CTCs) [J]. Sensors & Actuators B Chemical, 2017, 246: 29-37.

[146] Elam W A. Physical biology of the cell [J]. Physics Today, 2014, 87(1): 96.

[147] Wang K, Chang C C, Chiu T K, et al. Membrane capacitance of thousands of single white blood cells [J]. Journal of the Royal Society Interface, 2017, 14(137): 20170717.

[148] Zhao Y, Chen D, Luo Y, et al. Simultaneous characterization of instantaneous Young's modulus and specific membrane capacitance of single cells using a microfluidic system [J]. Sensors, 2015, 15(2): 2763.

[149] Lu Y L. Spontaneous metastasis of clonal cell subpopulations of human lung giant cell carcinoma after subcutaneous inoculation in nude mice [J]. Zhonghua Zhong Liu Za Zhi, 1989, 11(1): 1-7.

[150] Wang K, Zhao Y C D, Huang C, et al. The instrumentation of a microfluidic analyzer enabling the characterization of the specific membrane capacitance, cytoplasm conductivity, and instantaneous Young's modulus of single cells [J]. Journal of Molecular Sciences, 2018, 18(6): 1158.

[151] Worthen G S, Schwab B, Elson E L, et al. Mechanics of Stimulated Neutrophils: Cell Stiffening Induces Retention in Capillaries [J]. Science, 1989, 245(4914): 183.

[152] Bathe M, Shirai A, Doerschuk C M, et al. Neutrophil transit times through pulmonary capillaries: the effects of capillary geometry and fMLP-stimulation [J]. Biophysical Journal, 2002, 83(4): 1917.

[153] Cho Y H, Yamamoto T, Sakai Y, et al. Development of microfluidic device for electrical/physical characterization of single cell [J]. Journal of Microelectromechanical Systems, 2006, 15(2): 287.

[154] Gawad S, Schild L, Renaud P. Micromachined impedance spectroscopy flow cytometer for cell analysis and particle sizing [J]. Lab on a Chip, 2001, 1(1): 76-82.

[155] Cheung K, Gawad S, Renaud P. Impedance spectroscopy flow cytometry: on-chip label-free cell differentiation [J]. Cytometry Part A, 2005, 65A(2): 124.

[156] Gou H L, Zhang X B, Bao N, et al. Label-free electrical discrimination of cells at normal, apoptotic and necrotic status with a microfluidic device [J]. Journal of Chromatography A, 2011, 1218(33): 5725.

[157] Kasai H, Allen J T, Mason R M, et al. TGF-beta1 induces human alveolar epithelial to mesenchymal cell transition (EMT) [J]. Respiratory Research, 2005, 6: 56.

[158] Zhao Y, Wang K, Chen D, et al. Development of microfluidic impedance cytometry enabling the quantification of specific membrane capacitance and cytoplasm conductivity from 100,000 single cells [J]. Biosensors and Bioelectronics, 2018, 111: 138.

[159] Tseng F G, Santra T S. Essentials of single-cell analysis [M]. 2016.

[160] Jensen M P. Microfluidics for single cell analysis [J]. 2017.

[161] Shelby J P, White J, Ganesan K, et al. A microfluidic model for single-cell capillary obstruction by Plasmodium falciparum-infected erythrocytes [J]. Proceedings of the National Academy of Sciences of the United States of America, 2003, 100(25): p.14618.

[162] Rosenbluth M J, Lam W A, Fletcher D A. Analyzing cell mechanics in hematologic diseases with microfluidic biophysical flow cytometry [J]. Lab on a Chip, 2008, 8(7): 1062.

[163] Hou H W, Li Q, Lee G Y H, et al. Deformability study of breast cancer cells using microfluidics [J]. Biomedical microdevices, 2009, 11: 557.

[164] Guck J, Schinkinger S, Lincoln B, et al. Optical deformability as an inherent cell marker for testing malignant transformation and metastatic competence [J]. Biophysical Journal, 2005, 88(5): 3689.

[165] Bao N, Kodippili G C, Giger K M, et al. Single-cell electrical lysis of erythrocytes detects deficiencies in the cytoskeletal protein network [J]. Lab on A Chip, 2011, 11(18): 3053.

[166] Weisz, Paul B. The Science of Biology [M]. The science of biology, 1959.

[167] Ning B, Le T T, Cheng J X, et al. Microfluidic electroporation of tumor and blood cells: observation of nucleus expansion and implications on selective analysis and purging of circulating tumor cells [J]. Integrative Biology Quantitative Biosciences from Nano to Macro, 2010, 2(2-3): 113.

[168] Gossett D R, Tse H T K, Lee S A, et al. Hydrodynamic stretching of single cells for large population mechanical phenotyping [J]. Proc Natl Acad Sci U S A, 2012, 109(20): 7630.

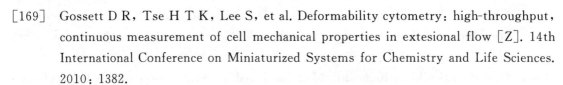
[169] Gossett D R, Tse H T K, Lee S, et al. Deformability cytometry: high-throughput, continuous measurement of cell mechanical properties in extesional flow [Z]. 14th International Conference on Miniaturized Systems for Chemistry and Life Sciences. 2010: 1382.

[170] Guo Q, Reiling S J, Rohrbach P, et al. Microfluidic biomechanical assay for red blood cells parasitized by plasmodium falciparum [J]. Lab on a Chip, 2012, 12 (6): 1143.

[171] Otto O, Rosendahl P, Mietke A, et al. Real-time Deformability Cytometry: on-the-fly Cell Mechanical Phenotyping [J]. Nature Methods, 2015, 12(3): 199-202.

[172] Lines R W. COULTER COUNTER [J]. 2006.

[173] Cho Y, Kim H S, Frazier A B, et al. Whole-Cell Impedance Analysis for Highly and Poorly Metastatic Cancer Cells [J]. Journal of Microelectromechanical Systems, 2009, 18(4): 808.

[174] Mernier G, Duqi E, Renaud P. Characterization of a novel impedance cytometer design and its integration with lateral focusing by dielectrophoresis [J]. Lab on A Chip, 2012, 12(21): 4344.

[175] Myers F B, Zarins C K, Abilez O J, et al. Label-free electrophysiological cytometry for stem cell-derived cardiomyocyte clusters [J]. Lab on A Chip, 2012, 13(2).

[176] Su H W, Prieto J L, Voldman J. Rapid dielectrophoretic characterization of single cells using the dielectrophoretic spring [J]. Lab on a Chip, 2013, 13(20): 4109.

[177] Jaffe A, Voldman J. Multi-frequency dielectrophoretic characterization of single cells [J]. Microsystems & Nanoengineering, 2018, 4(1).

[178] Abidine Y, Laurent V M, Michel R, et al. Local mechanical properties of bladder cancer cells measured by AFM as a signature of metastatic potential [J]. European Physical Journal Plus, 2015, 130(10): 202.

[179] Apichitsopa N, Jaffe A, Voldman J. Multiparameter cell-tracking intrinsic cytometry for single-cell characterization [J]. Lab on a Chip, 2018, 18(10): 1430.

[180] Abdallah M G, Almugaiteeb T I, Raza M U, et al. Glioblastoma Multiforme heterogeneity profiling with solid-state micropores [J]. Biomedical Microdevices, 2019.